Gilles Fert, Klaus Nowottnick

Königinnenzucht

Praxisanleitung für Imker

6. Auflage, völlig durchgesehen und
überarbeitet von Dr Martin Kärcher

LEOPOLD STOCKER VERLAG
GRAZ – STUTTGART

Umschlaggestaltung:
DSR Werbeagentur Rypka GmbH, 8143 Dobl/Graz, www.rypka.at
Titelbild: Klaus Nowottnick

Der Inhalt dieses Buches wurde von den Autoren und vom Verlag nach bestem Gewissen geprüft, eine Garantie kann jedoch nicht übernommen werden. Die juristische Haftung ist ausgeschlossen.

Bibliografische Information der Deutschen Nationalbibliothek
Die Deutsche Nationalbibliothek verzeichnet diese Publikation in der Deutschen Nationalbibliografie; detaillierte bibliografische Daten sind im Internet unter http://dnb.d-nb.de abrufbar.

Hinweis: Dieses Buch wurde auf chlorfrei gebleichtem Papier gedruckt. Die zum Schutz vor Verschmutzung verwendete Einschweißfolie ist aus Polyethylen chlor- und schwefelfrei hergestellt. Diese umweltfreundliche Folie verhält sich grundwasserneutral, ist voll recyclingfähig und verbrennt in Müllverbrennungsanlagen völlig ungiftig.

Auf Wunsch senden wir Ihnen gerne kostenlos unser Verlagsverzeichnis zu:
Leopold Stocker Verlag GmbH
Hofgasse 5 / Postfach 438
A-8011 Graz
Tel.: +43 (0)316/82 16 36
Fax: +43 (0)316/83 56 12
E-Mail: stocker-verlag@stocker-verlag.com
www.stocker-verlag.com

ISBN 978-3-7020-1400-1

Layout und Repro: DSR Werbeagentur Rypka GmbH, 8143 Dobl/Graz

Inhalt

Klaus Nowottnick

Vorwort

Seit Erscheinen der ersten Ausgabe dieses Buches sind 21 Jahre vergangen. Deshalb wurde es erforderlich, dieses Buch zu aktualisieren und zu ergänzen.

Wie wichtig die Königinnenzucht ist, ist in Fachkreisen kein Geheimnis. Jeder weiß, dass die Königin den entscheidenden Teil des Bienenvolkes darstellt. Der Imker richtet deshalb seine Aufmerksamkeit auf das Vorhandensein einer jungen Königin mit guter Abstammung, ansonsten kann die Bienenhaltung in Frustration enden. Die Erwartungshaltung, dass die Nachkommen der Königin fleißig, sanftmütig und schwarmträge sind, lässt sich nur züchterisch regulieren und erhalten. Neben diesen grundsätzlichen Eigenschaften sind auch die weiteren züchterischen Bestrebungen ebenso bedeutungsvoll. Das betrifft die Widerstandsfähigkeit gegenüber Krankheiten, eine vernünftige Brutregulierung in Abhängigkeit vom Nektarfluss, ein geringerer Propolisierungsdrang und einen ausgeprägten Bautrieb. Moderne Methoden in der Zucht machen es nun möglich, die Königinnen nach ihrem Verwendungszweck zu züchten, denn größere Imkereien haben sich oft auf ein oder zwei Produktionsgebiete spezialisiert. Das kann beispielsweise neben der Honigproduktion die Weiselfuttersaftgewinnung, die Pollengewinnung oder die Bestäubung von landwirtschaftlichen Kulturen sein.

Professionelle Züchter bieten Königinnen auch zum Verkauf an. Die meisten von ihnen sind ehrliche und begeisterte Züchter, aber es gibt, wie in jeder Branche, auch unseriöse Geschäftemacher unter den Züchtern. Deshalb, und weil das Prüfen, Selektieren und Nachziehen von den eigenen Völkern das Imkern wesentlich interessanter macht, lohnt es sich auf jeden Fall, den Versuch zu unternehmen, selbst Königinnen zu züchten. Dieses Buch soll auf unkomplizierte Weise und leicht verständlich mehrere Herangehensweisen an die Zucht vorstellen, die ohne zu großen Aufwand realisierbar sind.

Um reinrassige Königinnen züchten zu können, ist die kontrollierte Paarung unerlässlich. Diese ist wiederum nur durch die isolierte Paarung auf Insel- oder Hochgebirgsbelegstellen oder durch die künstliche Besamung möglich. In diesem Buch werden beide Methoden beschrieben und bildlich dargestellt.

Früher wurde die Zucht als ein Buch mit sieben Siegeln geführt und nur wenige Züchter ließen sich in die Karten schauen. Jeder hatte seine Methode und seinen Erfolg oder Misserfolg.

In diesem Buch werden die Zuchtmethoden transparent und praxistauglich beschrieben, um sie für den interessierten Imker nachvollziehbar zu machen. Sie stellen einen Mix aus der Praxis der Autoren dar.

Gilles Fert *Klaus Nowottnick* *Martin Kärcher*

Graz, Februar 2024

Einleitung

Züchtung heißt Auslese betreiben. Und welchen Wert ein Zuchttier besitzt, entscheiden die Leistungen, die es zeigt. Ein Wirtschaftsvolk mit hohen Leistungen ist noch lange nicht zuchtwürdig, weil diese wirtschaftliche Leistung meist nicht durch Nachzuchten wiederholbar ist. Im Gegensatz dazu sind die Anlagen des Zuchttieres, die es an seine Nachkommen weiterzugeben vermag, von züchterischer Bedeutung. Sie bestimmen den Willen des Züchters, dessen Bestreben es ist, diese Leistung auf möglichst viele Nachkommen uneingeschränkt zu kopieren.

Gerade von Anfängern wird häufig der Fehler gemacht, von Völkern nachzuziehen, die eine gute Honigleistung und viele andere positive Eigenschaften besitzen. Die Ernüchterung setzt aber dann ein, wenn man erkennen muss, dass die Nachkommen teilweise enttäuschende Merkmale aufweisen. Hier treten die Mendelschen Gesetze in Kraft und kein Züchter oder Imker kann diese aushebeln. Sie sind und bleiben ein Naturgesetz. In der Zwischenzeit hat man zwar diverse genetische Phänomene entdeckt, weshalb ein Erbgang auch von den „Regeln" abweichen kann, z. B. bei der Genkopplung und der extrachromosomalen Vererbung, aber das ist auf Einzelfälle in der Genetik beschränkt.

Die moderne Königinnenzucht bedarf der Körung. Ohne diese Leistungsprüfung ist eine Leistungszucht nicht möglich. Die Körung einer Königin ist eine Bestätigung der Rassereinheit ihres Volkes (Arbeiterinnen und Drohnen), dass die Vorfahren zumindest bis zur dritten zurückliegenden Generation bekannt sind, dass eine Mindestanzahl an Vollgeschwistern existiert oder eine gewisse Sicherheit der Zuchtwerte erfüllt ist und dass gewisse Zuchtwerte erhoben und erreicht wurden (ausschlaggebend für die verschiedenen Körklassen).

Unter dem heutigen Druck der Produktivitätssteigerung bei möglichst niedrigen Kosten ist es notwendiger denn je, eine gezielte Selektion des Königinnenmaterials zu betreiben. Dazu eignet sich besonders die künstliche Besamung, mit der erwünschte Paarungen für gestellte Zuchtziele ohne das Risiko von Fremdeinpaarungen, wie es in der Natur nicht auszuschließen ist, möglich sind. Die instrumentelle Besamung wird auch künftig das wichtigste Instrument bei der Selektionsarbeit zur Reinerhaltung von Rassen und Linien der Honigbienen sein. **Die Königin als das Herz des Bienenvolkes ist ständig von ihrem Hofstaat umgeben, der sie betreut, füttert, ihre Pheromone aufnimmt und weitergibt und sie begleitet.** Sie ist ein Teil des Volkes, in dem mit ihr Tausende Arbeitsbienen und mehrere Hundert oder Tausend Drohnen während der Saison leben. Der Imker richtet seine Aufmerksamkeit insbesondere auf das Vorhandensein der Königin. **Das hat auch seinen triftigen Grund, denn sie ist die Mutter aller Individuen des Volkes.** Und mit einer Lebenserwartung von mehreren Jahren – im Gegensatz dazu lebt eine Arbeitsbiene während der Saison nur ein paar Wochen – sorgt sie für einen ständigen Nachwuchs. Auf diese Weise sichert sie das Überleben des Volkes und vererbt jeder ihrer Arbeitsbienen ihre genetischen Merkmale.

Das Fehlen einer Königin führt zu einer ernsthaften Störung des Volkes, dessen Verhalten sich sofort ändert. Es sind die abgesonderten Pheromone der Königin, die das Volk zusammenhalten.

Die Erwartungen des Imkers an seine Bienenvölker richten sich auf die Honigleistung, die Stärke des Volkes, die Winterfestigkeit, die Frühjahrsentwicklung, auf Schwarmträgheit und die Widerstandsfähigkeit gegenüber Krankheiten, insbesondere hinsichtlich einer Varroatoleranz. Auch die Brutregulierung bei nachlassender Tracht, die Sanftmut, der Wabensitz, ein geringer Propolisierungsdrang und das Bauverhalten sind Kriterien, die imkerlich von erheblicher Bedeutung sind.

Moderne Methoden in der Zucht machen es nun möglich, die Königinnen nach ihrem Verwendungszweck zu züchten. Insbesondere in den großen honigproduzierenden Ländern haben sich die Imkereien oft auf ein oder zwei Produktionsgebiete spezialisiert. Die Imker wissen um die Bedeutung selektierter Königinnen. Junge, brutfreudige Königinnen sind besonders in der Wanderimkerei von großer Bedeutung, weil diese Art der Imkerei viele Bienen verbraucht. Es ist deshalb notwendig, dass ein fortlaufender Nachschub an Arbeitsbienen da ist. Natürlich kann man auch Königinnen von professionellen Züchtern kaufen. In der Saison sind die Fachzeitschriften voll von solchen Inseraten. Wegen der hohen Nachfrage an Königinnen können Züchter jedoch oft nicht alle Bestellungen erfüllen. Daher ist es sinnvoll, einem Zuchtverein beizutreten und mit der Zucht zu beginnen.

Viele Imker sind aber neugierig und wollen mehr über die Königinnenzucht wissen. Dieses Buch soll diesen Wissensdurst stillen. Für die Auf- und Nachzucht von Königinnen gibt es viele Methoden und Wege. Sie werden hier vorgestellt und jeder Imker kann selbst die für ihn am geeignetsten scheinende Variante wählen. Bereits 1888 wurde eine Methode von PERRET-MAISONNEUVE beschrieben und 1915 durch DOOLITTLE erneut aufgegriffen. Sie ist auch heute noch die von den professionellen Königinnenzüchtern weltweit am meisten angewandte Technik. Diese „Doolittle-Methode" basiert auf dem Prinzip des Umsetzens von Larven. Man spricht dabei vom so genannten „Umlarven". Diese Methode eignet sich allerdings nicht so gut für Menschen mit einer Sehschwäche und mit einer weniger ruhigen Hand. Das ist der Grund, warum eine detaillierte Beschreibung der Arbeit mit der

Zellstanze gegeben wird, mit der es möglich ist, nur den Boden der Zelle mit der jungen Larve auszustanzen. Zudem werden zwei bekannte Zuchtsysteme vorgestellt, die ebenfalls kein Umlarven erfordern. **Ein wichtiger Punkt bei der gesamten Zuchtarbeit ist es, das natürliche Verhalten der Bienen so viel wie möglich zu beachten und mit einzubeziehen.**

Die Techniken, die von Gilles Fert hierzu beschrieben werden, beziehen sich vorwiegend auf Bienen der Kreuzungen zwischen *Apis mellifera ligustica* x *Apis mellifera mellifera* oder auf die Kaukasierbiene in Ländern wie Georgien, Russland, aber auch Mexiko, Neuseeland und Südwestfrankreich. Dagegen stellt Klaus Nowottnick seine Methoden mit der *Apis mellifera carnica* vor. **Aber für Zuchten in klimatisch weniger begünstigten Breitengraden und mit anderen Bienenrassen müssen die Züchter die Methoden entsprechend anpassen.** Zum Beispiel ist es völlig richtig, dass *Apis mellifera mellifera x Apis mellifera mellifera* oft Probleme für den Imker mit sich bringt, was Zucht und Annahme anbelangt.

Es ist deshalb sehr wichtig zu beachten, dass es keine einheitlichen Merkmale gibt und dass aus jedem befruchteten Ei eine Königin entstehen kann.

Unter natürlichen Umständen können Weiselzellen entstehen, wenn sich das Volk in Schwarmstimmung befindet, die Königin überaltert ist, keine gute Leistung mehr bringt oder wenn sie verloren gegangen ist.

Einige Daten über die züchterische Tätigkeit von Gilles Fert, dessen imkerliche Zuchtarbeit von professioneller Art ist.

- Wir arbeiten mit 1.200 Begattungskästen.
- 6.000 Königinnen werden pro Jahr aufgezogen.
- Wir verkaufen Königinnen der Kreuzung Caucasica x Mellifera an professionelle Imker in Frankreich und überwiegend in Spanien.
- Von 350 Langstrothbeuten werden Paketbienen produziert. Natürlich wird auch Honig aus der Akazie, der Edelkastanie, der Linde und der Heide (*Calluna vulgaris*) geerntet.
- Jährlich ernten wir auch durchschnittlich 2.750 kg frischen Pollen
- Unsere Imkerei befindet sich zwischen Pau und Biarritz und wir wandern mit den Bienen in die Wälder des umgebenen Landes und in das Gebirge der Pyrenäen.
- Die Imkerei besteht seit 28 Jahren und wir beschäftigen während der Saison von 6 Monaten 2 Mitarbeiter, die in der Königinnenzucht arbeiten.

Foto auf Seite 12:
Eine Bienenkönigin bei der Eiablage.
(Foto: Klaus Nowottnick)

26

Aufzucht von Königinnen

Die Königinnenzucht gehört wohl zu den interessantesten Tätigkeiten in der Imkerei. Jeder, der sich einmal damit beschäftigt hat, kommt nur selten wieder davon los. Sie ist auch die Grundlage für eine wirtschaftliche Bienenhaltung, und das ganz unabhängig davon, wie groß die Imkerei ist.

Dazu bedarf es einiger sehr wesentlicher Kenntnisse und Techniken, die dieses Buch vermitteln soll.

Grundsätzlich entscheidet das Volk über die Nachzucht von Königinnen, der Züchter bedient sich nur der biologisch vorgegebenen Abläufe und kanalisiert diese in seine Zuchtplanung. Erst dann, wenn die Biologie des Bienenvolkes die Grundlage für das züchterische Bestreben ist, stellt sich der Erfolg ein.

Im Jahreszyklus des Bienenvolkes ist die Aufzucht von Königinnen ein fester Bestandteil. Bestimmte Reize und auslösende Faktoren sind dafür zu bestimmten Zeiten ursächlich.

Die drei bedeutensten Bienenrassen Europas

Dunkle oder schwarze Biene *Apis mellifera mellifera*

Italienische Biene *Apis mellifera ligustica*

Kärntner Biene *Apis mellifera carnica*

(Zeichnungen von M. Wimmer, Wien)

Kasten des Bienenvolkes

Unter Zucht verstand man früher die Haltung und Pflege der Biene und ihres Fortbestandes. Heute wird der Begriff „Fortbestand der Bienen" für die Königinnenzucht interpretiert. Die Königinnen werden auch nicht mehr so lange gehalten, denn ihre Leistungsfähigkeit lässt mit ihrem fortschreitenden Alter nach. Meist nach drei Jahren werden sie ausgetauscht. Damit sind sie leistungsfähiger und schwärmen auch weniger. Es gilt daher, immer junge und gute Königinnen in den Völkern zu haben. Außerdem sind junge Königinnen auch für die Vermehrung des Völkerbestandes erforderlich, da man ohne sie keine Ableger oder Kunstschwärme bilden kann. Viele Imker überwintern auch Königinnen in kleineren Beuten. Damit kann man Völker, deren Königinnen über den Winter verloren gingen, im Frühjahr neu beweiseln. Eine angestrebte schwarmlose Imkerei ist ohne gezielte Königinnenzucht gänzlich unmöglich. Das heißt, junge Königinnen werden in einer erfolgreichen Imkerei immer benötigt. Ihre Zucht eröffnet ein weites Feld für eine erfolgreiche Imkerei.

Überwinterung von Reservekoniginnen in Mini-Plus-Beuten.

Unterschied zwischen einer Bienenkönigin und einer Arbeitsbiene

Bienenkönigin

weibliche Arbeitsbiene

(Quelle unbekannt)

Im Bienenvolk unterscheiden wir zwischen unterschiedlichen Kasten, welche die weiblichen Bienen betreffen. Das sind auf der einen Seite die Königin, die nur als Einzeltier im Volk vorhanden ist, und auf der anderen Seite die Arbeitsbienen, die die Mehrheit im Bienenvolk ausmachen. Die Natur hat diese morphologisch unterschiedlichen Wesen wegen ihrer ebenso unterschiedlichen, aber lebenswichtigen Aufgaben im Volk geschaffen. Die Hauptaufgabe der Königin besteht darin, Eier zu legen und damit für den Fortbestand des Volkes zu sorgen. Ihr Körperbau ist deshalb gänzlich anders als der Körperbau ihrer Töchter, der Arbeitsbienen.

Da sie nur für die Eiablage zuständig ist, fehlen ihr alle Organe und Werkzeuge, die zum Eintrag von Nektar und Pollen sowie für den Wabenbau erforderlich sind. Bei den Arbeitsbienen ist es genau umgekehrt. Sie sind zwar weiblich, aber doch keine vollwertigen Weibchen, weil ihre Geschlechtsorgane unvollkommen ausgebildet sind. Dadurch sind sie auch nicht in der Lage, befruchtete Eier zu legen, aus denen wiederum Arbeitsbienen oder Königinnen schlüpfen können (Ausnahme: *A. m. capensis*). In Ausnahmesituationen können sie aber unbefruchtete Eier legen, aus denen schließlich Drohnen schlüpfen. Solche Erscheinungen registriert man meist nach Verlust einer Königin unter bestimmten Bedingungen und Gegebenheiten.

Sehr markante Unterschiede zeigen sich auch bei der Lebenserwartung von Königin und Arbeitsbiene. Im Sommer und insbesondere während der Tracht leben die Arbeitsbienen meist nur 4 bis 6 Wochen, während sie im Herbst/Winter zwischen 4 und 6 Monate alt werden können. Eine Königin kann dagegen bis zu 5 Jahre alt werden.

Futteraustausch zweier Arbeiterinnen.

Rundmaden in den Zellen einer Wabe (oben); Frische Bieneneier (Stifte) auf einer erstmalig bebrüteten Wabe (unten).
(Foto: Klaus Nowottnick)

Königinnen, die ihr drittes Lebensjahr überschritten haben, müssen spätestens dann gegen eine junge Stockmutter ausgetauscht werden (Ausnahme: leistungsgeprüfte Zuchtköniginnen, von welchen man nachziehen möchte).

Das ist sehr wichtig für eine wirtschaftliche Bienenhaltung, da die Legeleistung der Königin mit steigendem Alter nachlässt. Außerdem wachsen das Schwarmrisiko und die Möglichkeit des natürlichen Ablebens der Königin.

Ein Bienenvolk setzt sich unter normalen Umständen aus der Königin, ca. 2.000 bis 2.500 Drohnen und 50.000 bis 60.000 Arbeitsbienen zusammen. Die Männchen des Volkes sind die Drohnen, deren Aufgabe es ist, die Königinnen zu begatten. Man findet sie hauptsächlich von April bis Ende August und manchmal auch bis Ende September in den Völkern. Die Arbeitsbienen sind keine reinen Geschlechtstiere. Ihre Aufgabe besteht in der Stockpflege und den späteren Tätigkeiten des Wabenbaues und des Nektar- und Pollensammelns.

Eine bedeutende Rolle für die Aufzucht von Königinnen sind die Umstände im Bienenvolk. Die Arbeitsbienen sind es, die festlegen, ob aus einer kleinen Made eine Arbeitsbiene oder eine Königin entstehen soll. Dies geschieht in den ersten beiden Tagen, nachdem die Biene aus dem Ei geschlüpft ist. Bis zu diesem zweiten Tag können aus den Eiern sowohl Bienenköniginnen als auch Arbeitsbienen entstehen.

Bis zum dritten Lebenstag erhalten alle jungen Larven Königinnenfuttersaft (Gelée Royale). Dieser ist wasserklar bis leicht milchig-trüb. Im Bild sieht man die leicht gebogenen Larven.
(Foto: Klaus Nowottnick)

Merkmalsunterschiede der weiblichen Bienen

Merkmal	Arbeitsbiene	Königin
Körperlänge in mm	12–14	15–20
Gewicht in mg	70–120	220–320
Thoraxbreite in mm	4,0–4,2	4,7–5,0
Filzbinden	vorhanden	keine
Kopf		
Form	dreieckig	rund
Wangenindex	1,27	1,07
Mandibelzahn	kein	vorhanden
Mandibelindex	4,77	3,38
Futtersaftdrüse	vorhanden	keine
Mandibeldrüse	klein	sehr groß
Hinterbein		
Pollenbürste	vorhanden	keine
Körbchen	vorhanden	keine
Pollenkneter	vorhanden	keine
Fersenindex	2,10	1,75
Wachsdrüsen	vorhanden	keine
Nassanoffsche Drüse (Duftdrüse)	vorhanden	keine
Stachel	gerade	gebogen
Zahl der Widerhaken	10, gezackt	3, abgerundet
Zahl der Ovariolen pro Ovar	3–10	160–180
Spermatheka-Durchmesser in mm	0,1	1,2
Giftdrüse, Gabelung	nahe am Ende	im basalen Drittel

Siehe auch Darstellung auf S. 26 (gekürzt nach Ruttner, 1980)

Kastenabgrenzung

Wie oben schon erwähnt, entstehen Königinnen und Arbeitsbienen aus gleichen und befruchteten Eiern. Damit erübrigt sich die Frage, ob beide Bienenwesen genetisch unterschiedlich sind. Sie sind es nämlich nicht. Der einzige Umstand, der schließlich eine Königin oder eine Arbeitsbiene entstehen lässt, ist die Art des verabreichten Futters am zweiten Tag nach dem dem Schlüpfen aus dem Ei.

In den ersten drei Lebenstagen erhalten alle jungen Maden Königinnenfuttersaft. Danach erhält die Arbeiterinnenbrut ein „minderwertiges" Futtersaftgemisch aus Honig, Pollen und Wasser. Der Königinnennachwuchs wird dagegen aber während der gesamten Zeit, in der die Zellen unverdeckelt sind, im Überfluss mit Königinnenfuttersaft versorgt. Die Arbeitsbiene muss außerdem mit geringeren Futtermengen auskommen.

Während die Arbeiterinnen in den normalen Wabenzellen aufwachsen, erfolgt die Aufzucht der Königinnen in großen, senkrecht hängenden Weiselzellen.

Wissenschaftliche Untersuchungen zeigten aber, dass die Zellform nicht für die Entstehung der unterschiedlichen Bienenkasten verantwortlich ist (LUKOSCHUS, 1956; DRESCHER, 1968).

Natürliche Königinnenerneuerung

Neue Königinnen entstehen durch natürliche Reize im Bienenvolk, die unterschiedlicher Art sind. Am auffälligsten ist die Vermehrung über den Schwarm.

Ältere Königinnen oder Völker, die keinen Platz mehr zum Brüten haben und übervoll sind, neigen eher zum Schwärmen, als Völker mit jungen Königinnen und ausreichend Raum, in dem sie Brut aufziehen können und dabei ihren Futtersaft verfüttern können. Bei der Zucht muss gezielt auf die Abstammungen geachtet werden, die in der Vergangenheit eine deutliche Schwarmträgheit zeigten. Hat der Imker versäumt, schwarmverhindernde Maßnahmen einzuleiten oder die Völker zumindest in gewissen Abständen zu kontrollieren, dann kommt es vor, dass ein Schwarm unbemerkt die Beute verlässt.

Ist der Imker zu dieser Zeit anwesend, kann er ihn gegebenenfalls noch einfangen und weiter verwenden. Chancenlos sind in dem Fall meist die berufstätigen Imker, die oft tagelang nicht zu ihren Bienen können. Für jene ist es deshalb um so wichtiger, eine aktive Schwarmkontrolle oder besser eine Schwarmverhinderung zu leisten.

Völker, die mit ihrer Königin nicht mehr zufrieden sind, weil sie zu wenige Eier legt oder überaltert ist und ein Risiko für das Fortbestehen des Volkes bedeutet, weiseln manchmal still um. Dieser Königinnenaustausch geschieht im Verborgenen und der Imker stößt meist zufällig bei einer Inspektion des Volkes auf eine neue, ungezeichnete Königin.

Mit Schwarm

Honigbienen gibt es auf dieser Erde seit über 50 Millionen Jahren. Den Erhalt ihrer Art sicherten sie durch den Schwarm. Abhängig von der Bienenrasse kann ein Bienenvolk im Jahr zwei, drei oder sogar mehr Schwärme bilden. Auch dann, als der Mensch begann, Bienen in der Nähe seiner Behausungen zu halten, war der Schwarm die einzige Methode der Vermehrung und Völkerverjüngung.

In einem schwarmwilligen Volk befinden sich meist mehrere Königinnen in ihren Zellen und manchmal auch bereits eine geschlüpfte Königin. Die noch in den Zellen sitzenden Königinnen quaken und die geschlüpfte Königin gibt Tüt-Laute ab. In den meisten Fällen verlässt jedoch die alte Königin mit einem Teil des Volkes den Bienenstock, lange bevor die erste Tochter schlüpft. Anschließend schlüpfen die anderen Königinnen aus ihren Zellen. Wenn das Volk stark genug ist, zieht noch ein zweiter Schwarm mit einer der jungen Königinnen aus. Sobald ein Volk die notwendige Stärke erreicht hat, um den Winter sicher überleben zu können, lassen die Arbeiterinnen Kämpfe unter den Königinnen zu, sodass nur eine von ihnen überlebt. Und diese wird die neue Königin im verbliebenen Volk.

Noch heute gilt das Schwärmen der Bienen als ein Zeichen für Vitalität, welches zwar züchterisch beeinflusst oder zurückgedrängt wird, aber niemals gänzlich beseitigt werden kann und darf.

Wer einmal das Schwärmen eines Bienenvolkes beobachtet hat, wird es nie vergessen.

Schwarmzellen müssen vorsichtig und großzügig aus der Wabe geschnitten werden, damit die Zelle und damit die darin befindliche Königin nicht verletzt wird.
(Foto: Klaus Nowottnick)

Es zeigt dem Beobachter die urwüchsige Kraft dieser Volksgemeinschaft, die demonstriert, wie sich ein Volk durch Teilung vermehren kann.

In Ausnahmesituationen, z. B. wenn ein geschwärmtes Volk ansonsten genetisch wertvoll gewesen ist, kann man die Weiselzellen für die Nachzucht verwenden. Dazu müssen sie vorsichtig ausgeschnitten und an Klemmpfropfen befestigt werden, die in Weiselzellenschutzhülsen kommen. Diese stellt man in weisellose Völker oder Begattungsableger. Dort lässt man die Königin schlüpfen. In der Heideimkerei, die das Schwärmen bewusst fördert, um zur Heidetracht viele Völker mit jungen Königinnen zu haben, war das früher allgemeine Praxis, aber heute hat sich auch dort vieles verändert, weil immer mehr Heideimker mit Mobilbaubeuten arbeiten. Die Schwarmimkerei als Vermehrungs- und Zuchtpraxis war die Urform der Heideimkerei, in denen die Völker noch in Körben (Lüneburger Stülper, Kanitzkorb) gehalten wurden.

Bei jeder anderen Betriebsweise wird gezielt Königinnenauslese auf Schwarmträgheit betrieben. Jeder Imker versucht, das Schwärmen durch selektierte, schwarmträge Herkünfte oder durch betriebstechnische Maßnahmen auf einem niedrigen Niveau zu halten. Die Volks- und Königinnenvermehrung über den Schwarm birgt eine Reihe von Risiken in sich, weil sie keine Garantie auf Leistung und Verhalten der entstandenen Schwarmköniginnen bieten kann.

Durch stille Umweiselung

Die stille Umweiselung im Bienenvolk erfolgt dann, wenn die Bienen bemerken, dass ihre Königin weniger Eier legt und damit die Existenz des Volkes auf dem Spiel steht. Sie wollen und müssen sich daher eine neue Königin aufziehen, weil sie sonst dem Untergang geweiht sind. Stellt der Imker bei der Volksinspektion eine solche Situation fest, kann er durch Neubeweiselung mit einer guten Königin helfend eingreifen.

Bienen-Lagd der Imkerei Winterhoff in Hermannsburg in der Lüneburger Heide. (Foto: Klaus Nowottnick)

Die vom Volk errichteten Nachschaffungszellen sitzen nicht wie bei Schwarmvorbereitungen an der Unterseite der Waben, sondern befinden sich oft mitten oder seitlich auf der Brutwabe. Auch diese Art der Königinnenerneuerung führt nicht zwangsläufig zu guten Stockmüttern.

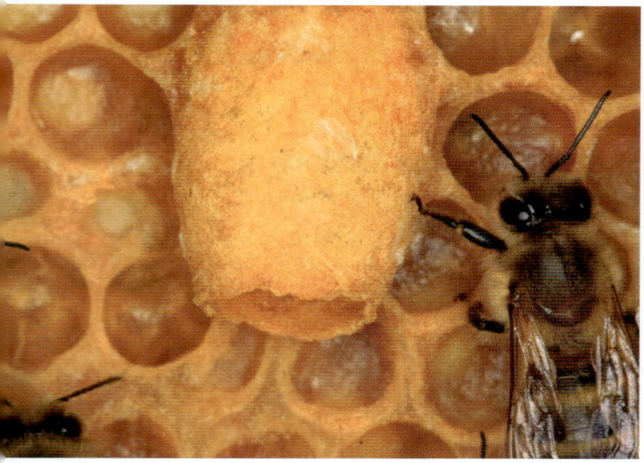

Nachschaffungszelle in einem weisellosen Volk. (Foto: Klaus Nowottnick)

Verdeckelte Nachschaffungszellen auf einer Brutwabe. (Foto: Klaus Nowottnick)

Nachdem die Bienen in den Schwarmfangkasten eingeschlagen wurden, finden auch die restlichen noch herumschwirrenden Bienen bald den Zugang zum Kasten.
(Foto: Klaus Nowottnick)

Ein Schwarm hat sich im Geäst eines Baumes gesammelt.
(Foto: Klaus Nowottnick)

Vater und Sohn Winterhoff bei Nachtrachttätigkeiten.
(Foto: Klaus Nowottnick)

Planmäßige Königinnenzucht

Mit der koordinierten Königinnenzucht verfolgt man das Ziel, so viel wie möglich erblich gleichmäßige Merkmale bei den Nachkommen zu erzielen, die leistungsfähig, widerstandsfähig und den territorial vorhandenen Umweltgegebenheiten angepasst sind. Bienen müssen leicht zu bearbeiten sein, denn ein ausgeprägtes Verteidigungsverhalten erschwert die eigene Arbeit und verursacht Probleme mit Nachbarn und Passanten. Nur durch gezielte Zuchtarbeit sind wir in der Lage, die erwünschten positiven Merkmale zu selektieren und an die Folgegenerationen der Königinnen weiterzugeben.

Überwiegend dürfte bekannt sein, dass der Erfolg in einer Imkerei nicht ausschließlich von den Trachtangeboten und der imkerlichen Vorsorge abhängt. Vielmehr ist die Leistungsfähigkeit der Königinnen zu beachten, die in regelmäßigen Abständen gegen jüngere und leistungsfähigere Tiere ausgetauscht werden müssen. Völker mit jungen Königinnen schwärmen außerdem seltener. Auch für die Vermehrung benötigt man immer junge und gute Königinnen. Dazu zählt auch die Ableger- und Kunstschwarmbildung.

Königinnen in kleinen Einheiten zu überwintern, wie z. B. in Mini-Plus-Beuten, ist sehr hilfreich. Mit ihnen kann man im Frühjahr weisellos gewordenen Wirtschaftsvölkern wieder Königinnen zusetzen.

Bei der Zucht gilt es mehr als in anderen imkerlichen Teilbereichen, die von der Natur vorgegebenen Termine einzuhalten. Schon kleinste Abweichungen können fatale Folgen haben und die ganze bisher schon geleistete Arbeit wertlos machen.

Am sinnvollsten ist es daher, wenn man einen Zuchtkalender aufstellt, dessen Termine nicht so leicht zu übersehen sind.

Reizfütterung der Pflegevölker (Finisher)

Die Tracht hat einen großen Einfluss auf den Erfolg bei der Königinnenzucht. Herrscht keine Tracht, dann muss gefüttert werden. Diese Fütterung muss schon einige Wochen vor Zuchtbeginn einsetzen, damit dann zur rechten Zeit ausreichend Ammenbienen zur Verfügung stehen. Zu Beginn der Zucht muss das Pflegevolk einen Überfluss an Pollen und Nektar besitzen. Die Reizfütterung hingegen soll den Völkern einen Nektarfluss simulieren und gleichzeitig der Fütterung der Pflegebienen dienen, damit diese ausreichend Weiselfuttersaft produzieren können. Das geschieht zwischen ihrem 5. und 15. Lebenstag. Dadurch wird deutlich, dass man ungefähr einen Monat Zeit benötigt, um von der Eiablage an gerechnet die notwendigen Pflegebienen zu haben. Die Fütterung sollte so früh wie möglich beginnen. Da eine Königinnenlarve täglich etwa 1.200-mal von Ammenbienen besucht wird, sind viele dieser jungen Bienen erforderlich. Für die Brutaufzucht sind bestimmte Aminosäuren im Futtersaft notwendig (HAYDAK und DIETZ, 1972). Man stellte fest, dass Völker der Unterart *A. m. caucasica* am besten für die Aufzucht von Königinnen geeignet sind, weil in ihrem Futtersaft mehr Aminosäuren als bei den nördlichen Bienenrassen nachgewiesen wurden (MELNITSCHENKO, 1963). Sechs Wochen, bevor die Zucht beginnen soll, erhalten die Völker deshalb diese besondere Behandlung. Die Höhe der Zuckerkonzentration hängt von der Menge des von außen eingetragenen Nektars ab.

Meistens wird eine Lösung im Verhältnis von 1:1 (50 % Zucker mit 50 % lauwarmem Wasser) hergestellt. Die Völker erhalten in der Regel im zweitägigen Abstand jeweils 200 ml davon. Nach M. BELIN (1984) ist es günstiger,

Der Zuchtkalender

Der Zuchtkalender ist für eine erfolgreiche Zuchtarbeit unentbehrlich.

Tage	Arbeitsschritte	
–45	Auswahl und Reizfütterung der Drohnenvölker, Varroabehandlung	
–30	Auswahl der Zuchtvölker und Reizfütterung	
–2	Vorbereitung der Anbrüter (Starter) und Zuchtvölker	
0	Umlarven	Weiselfuttersaftgewinnung
+1	Angebrütete Weiselnäpfchen in das Pflegevolk (Finisher) geben und füttern	Umlarven
+2	Fütterung des Pflegevolkes	
+3 Weiselfuttersaft-gewinnung	Fütterung des Pflegevolkes	0+3 oder 0+3,5= Ernte des Weiselfuttersaftes
+4 Zucht	Fütterung des Pflegevolkes	Zugabe einer neuen Zuchtserie
+5	Wenn beabsichtigt, kommen die verdeckelten Weiselzellen in den Brutschrank	
+8	Vorbereitung der Begattungsvölkchen und deren Aufbewahrung in einem kühlen und dunklen Raum für 24 Stunden	
+9	Am Abend Aufstellung der Begattungskästchen	
+10	Aufteilung der Weiselzellen auf die Begattungseinheiten und Fütterung	
+11	Schlupf der Königinnen möglich	
+12	Schlupf der Königinnen möglich	
+25	Überprüfung auf Eiablage Zeichnen und Käfigen der begatteten Königinnen Zugabe einer neuen, geschützten Weiselzelle und Fütterung	
+26	Zugabe von ungeschützten Weiselzellen im Begattungskästchen möglich und Fütterung	
Anmerkung: Falls Königinnen der Rasse *A. m. caucasica* gezüchtet werden, sollten die Weiselzellen 24 Stunden später entnommen werden, weil es scheint, dass sich die Königinnen dieser Rasse langsamer entwickeln, sogar im Brutschrank.		

(Tabelle: Gilles Fert/Klaus Nowottnick)

Fütterung der Pflegevölker mit invertiertem Fertigfutter über einen oben aufgesetzten Futtertrog. (Foto: Klaus Nowottnick)

den Pflegevölkern kein Futter mit Rohrzucker zu reichen, weil durch die Aufspaltungsarbeit des Rohrzuckers die Mandibulardrüsen, die für die Produktion des Weiselfuttersaftes benötigt werden, verkümmern. Günstiger ist es, einen Teil des Zuckers durch Honig zu ersetzen, z. B. 25 % Honig, 25 % Zucker und 50 % handwarmes Wasser. Darüber hinaus bietet auch der Handel flüssige Fertigfutter an, die bereits invertiert sind und die Bienen dadurch nicht weiter belasten.

Königinnenzüchter wissen, wie wichtig der Pollen für die Aufzucht der Brut ist. H. GONTARSKI (1952) demonstrierte in einem Versuch, dass die Hypopharyginaldrüsen (erforderlich für die Weiselfuttersafterzeugung) durch die im Pollen eingebundenen Aminosäuren aktiviert werden. Während der Brutphase und wenn Brutwaben ausgebaut werden, verbrauchen die Pflegebienen große Mengen Pollen. In Trachtpausen oder bei schlechtem Wetter muss der Imker deshalb überbrückend eingreifen.

Durch den Einsatz eines Brutschrankes erhielten die amerikanischen Wissenschaftler C. W. SCHAEFER und C. L. FARRAR (angegeben durch T. T. K. und M. P. JOHANSON, 1941) sehr unterschiedliche Geburtszahlen von Bienen, die auf die unterschiedliche Fütterung zurückzuführen waren.

Beeinflussung des Brutgeschehens durch unterschiedliches Futter

Art des gereichten Futters	Anzahl der erbrüteten Bienen
Nur mit Honig	575
Nur mit Pollen	8.600
Honig und Sojamehl	2.600
Honig und 12,50 % Pollen	4.900
Honig und 25,00 % Pollen	5.500
Honig und 50,00 % Pollen	7.300

(Tabelle: Gilles Fert)

Der Züchter muss daher frischen Pollen zufüttern oder gefrorenen Pollen verwenden. Beide besitzen hohe Nährwerte. Wenn beides nicht verfügbar ist, dann kann man auch getrockneten Pollen oder Pollenersatzstoffe verwenden, die mindestens noch 23 % Proteine beinhalten.

Dazu stellt man einen Futterfladen her, den man anschließend in eine dünne Plastikfolie einwickelt, damit er nicht austrocknet, oder man legt ihn direkt auf die Oberträger der Rähmchen, so nahe wie möglich an die unverdeckelte Brut. Nachstehend das folgende Rezept zur Herstellung dieser Futterfladen:

- 10 bis 20 % Pollen
- 30 % Brauhefe
- 40 % Sojamehl (ölfrei), vermischt mit ein wenig Zuckerlösung, um eine nicht zu weiche Paste herzustellen

Alternativ kann man auch eine Mischung herstellen, die nicht so proteinreich ist:

- 1 kg Pollen
- 5 kg Brauhefe (45 % Protein) oder ölfreies Sojamehl (45 % Protein)
- 4 kg Kristallzucker
- ungefähr 2 Liter Wasser

Der Pollen wird mit dem lauwarmen Wasser vermischt. Dann wird der Zucker zugegeben und so lange gerührt, bis er sich völlig aufgelöst hat. Zuletzt wird das Mehl untergerührt, bis ein Teig entsteht, der nicht weglaufen kann. Anschließend werden handtellergroße Fladen von jeweils 500 g bis 1 kg hergestellt und direkt auf die Oberträger der Rähmchen gelegt, so nahe wie möglich an den Hauptsitz des Bienenvolkes.

Der Idealfall ist die fortlaufende Bereitstellung von Pollenwaben, die man als Randwaben aus anderen Wirtschaftsvölkern entnehmen kann. Der dort eingelagerte Pollen hat wegen seiner bereits vollzogenen Milchsäuregärung einen weitaus höheren Nahrungswert wie frischer Pollen. Will man außerhalb der Bienenvölker Pollenwaben einlagern, dann sollten diese mit Honig besprüht werden, um eine Schimmelbildung zu verhindern, die sich ohne diese Schutzmaßnahme sehr schnell entwickelt. Einige australische Königinnenzüchter lagern auf diese Weise Pollenwaben über zwei Jahre ein. Dazu vermischen sie zwei Teile Pollen mit einem Teil Kristallzucker und bedecken alles mit einer etwa 5 cm dicken Zuckerschicht. Auch der an den Völkern in Fallen geerntete Pollen kann durch Tiefgefrieren bei −18 °C vor dem Verderben bewahrt werden.

Der Pollen, den die Bienen eintragen, ist nie von gleichmäßigem Nahrungswert. Der durchschnittliche Protein-Gehalt schwankt tatsächlich zwischen 7 und 37 % (J. HARDEN KLEINSCHMIDT). In Kanada wurde beobachtet, dass Bienen sogar feines Sägemehl statt Pollen

Die flach gedrückten Pollenfladen platziert man auf den Oberträgern der Rähmchen. *(Foto: Gilles Fert)*

Kontrolle der Pflegevölker im Zuchtbetrieb Dean Breaux, USA. *(Foto: Klaus Nowottnick)*

Die Pflegevölker erhalten in regelmäßigen Abständen kleine Futtergaben.
(Foto: Klaus Nowottnick)

eintrugen, und das zu einer Zeit, als bereits Frühlingsblüher vorhanden waren. In ihrem Sammeleifer kann es deshalb überall vorkommen, dass sie staubähnliche Substanzen ohne jeglichen Ernährungswert in den Stock bringen. Man sollte deshalb schon wissen, woher der eingetragene Pollen stammt. Haselpollen, Eukalyptuspollen und einige andere mehr besitzen den niedrigsten Proteingehalt. Dagegen besitzt der Pollen der Weide, der Esskastanie, der Obstbäume, der Mohnblumen und des Klees sehr viel davon (R. CHAUVIN, 1968).

J. L. NATION (1974) wies nach, dass Pollen von mehreren Trachtquellen im Proteingehalt ausgeglichener ist als der eingetragene Pollen einer einzigen Pflanzenart. Letztlich müssen wir daran denken, dass der Pollen im Gegensatz zum Honig durch die Bienen nicht mehr umgetragen wird. Die Pollenwaben müssen daher nahe an die Zuchtlatten mit den Weiselzellen kommen.

Zugabe schlupfreifer Brutwaben

Falls aus irgendeinem Grund ein für die Pflege ausgesuchtes Volk immer noch nicht die erwünschte Stärke besitzt, kann man ihm durch Zugabe schlupfreifer Brut aus anderen Völkern hilfreich sein. Ziel ist es, ein Maximum an Pflegebienen zu besitzen. Die neu hinzugehängten Brutwaben sollten auf kurzem Weg transportiert worden sein. Wenn es nur über längere Distanzen möglich ist, müssen sie unbedingt vor einer Verkühlung geschützt werden. Am Ende aller Vorbereitungen werden schließlich die verstärkenden Brutwaben kontinuierlich zugegeben und in der Nähe des Brutnestes positioniert. Diese Platzierung, verbunden mit einer Reizfütterung, führt zu besten Ergebnissen; und wenn ein solches Volk optimal aufgebaut ist, ist es in Schwarmstimmung. Im Gegensatz zu anders lautenden Meinungen ist es doch möglich, Rahmen und Bienen aus den verschiedensten Völkern zu verwenden und damit zu mischen, vorausgesetzt

Der kontinuierliche Zustrom junger Bienen durch Zugabe von verdeckelten Brutwaben sorgt für eine optimale Pflege des königlichen Nachwuchses.
(Foto: Gilles Fert)

Schlupf einer Arbeitsbiene
(Foto: Klaus Nowottnick)

Arbeitsbienen der Apis mellifera carnica auf einer Wabe. Die einheitliche graue Farbe der Bienen ist ein Teilnachweis ihrer Reinerbigkeit.
(Foto: Klaus Nowottnick)

Ein wichtiges Zuchtkriterium ist die Honigleistung der Bienen. Solche Honigwaben sind der Lohn zielstrebiger Auslese.
(Foto: Klaus Nowottnick)

die Völker, aus denen Bienen und Waben stammen, sind gesund.

Auswahl der Zuchtvölker

Die natürliche Vermehrung der Bienen erfolgt in einem Volk, und zwar vom Ei bis zum Schlupf der neuen Königin. Bei der geplanten Zucht arbeitet man praktischerweise mit unterschiedlichen Völkern, dem Zucht- und dem Pflegevolk. Das Pflegevolk hat nur die Aufgabe, durch zahlreiche Ammenbienen eine erfolgreiche Aufzucht der Königinnen zu gewährleisten. Die Auswahl der Zuchtvölker hat zum Ziel, die Erbmasse zu verbessern. Man erwartet eine höhere Leistung, eine höhere Schwarmträgheit, eine höhere Varroatoleranz, eine ausgeprägtere Sanftmut usw.

Biometrische Merkmale zur Unterscheidung von Bienenrassen

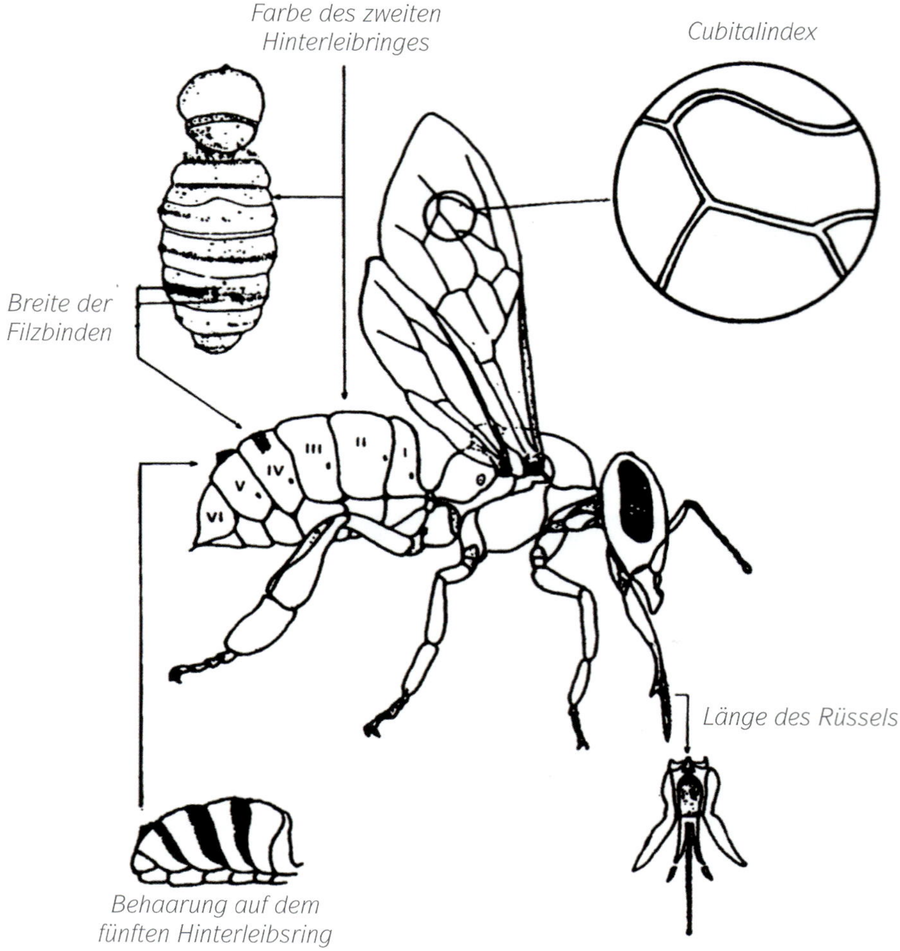

(nach J. FRESNAYE, 1981)

Das kann innerhalb einer genau definierten Population, z. B. einer geographischen Rasse, oder besser einer ausreichend starken lokalen Population möglich sein, die nicht oder kaum fremden Einflüssen ausgesetzt ist. Der einfache Weg der regelmäßigen Entfernung unerwünschter Merkmale auf allen Bienenständen besitzt eine begrenzte Wirkung, um auf längere Sicht die Population verbessern zu können. Wenn aber die Massenselektion in Verbindung mit der Königinnenzucht angewandt wird, werden auch die Ergebnisse besser, was durch den hohen Anteil der elterlichen Merkmale zustande kommt, die an die Töchter vererbt werden. Angesichts dieser Tatsache ist es deshalb bedeutsam, für eine regelmäßige züchterische Kö-

Biometrische Merkmale der wichtigsten Bienenrassen

Rasse	Merkmal	Cubitalindex (a/b)	Haarlänge 5. Filzbinde (in mm)	Filzbindenbreite (in mm)	Rüssellänge (in mm)
Apis m. mellifera	Durchschn.	1,75	0,46	0,75	6,35
	Min./Max.	1,40–2,10	0,40–0,52	0,60–0,80	6,00–6,50
Apis m. ligustica	Durchschn.	2,30	0,30	0,85	6,50
	Min./Max.	2,00–2,70	0,20–0,40	0,80–1,00	6,30–6,60
Apis m. carnica	Durchschn.	2,60	0,30	0,90	6,60
	Min./Max.	2,30–3,20	0,20–0,40	0,80–1,00	6,40–6,80
Apis m. caucasica	Durchschn.	2,00	0,30	1,00	7,00
	Min./Max.	1,70–2,30	0,25–0,40	0,80–1,20	6,70–7,20
Apis m. intermissa	Durchschn.	2,20	0,20	0,60	6,40
	Min./Max.	2,10–2,30	0,15–0,35	0,50–0,70	6,30–6,80

(nach J. FRESNAYE in Biométrie de l'Abeille, OPIDA, 1980)

niginnenerneuerung zu sorgen und die einfache Königinnenvermehrung aus dem vorhandenen Völkerbestand zu vermeiden (L. LOUVEAUX).

Jene Völker, die das Zuchtmaterial stellen, müssen nach strengen Maßstäben selektiert werden (hohe Leistung und verlässliche Vererbung). Schließlich folgt man dem Ziel, Bienenmaterial mit guten Eigenschaften zu bekommen. Grundsätzlich können nur stabile Abstammungen, d. h. Reinzuchten, für die Nachzucht verwendet werden und kein Hybridmaterial. Die Farbe der Bienen ist nur eines von mehreren Merkmalen, um die Unterart bestimmen zu können. Biometrische Messungen, Elektrophorese oder die Unterschiedlichkeit der Mitochondrien (DNA-Analyse) (L. GARNERY, 1996) sind hilfreich bei der Bestätigung der Auswahl.

Der gleiche Selektionsprozess findet auch bei der Wahl der Drohnenvölker statt, welche für die Begattung der Königinnen in Frage kommen. Denn die Auswahl der Drohnen ist genetisch genauso wichtig wie das Zuchtmaterial der Königinnen und darf keinesfalls unterschätzt oder vernachlässigt werden. Die Aufzucht der Drohnen wird in einem separaten Kapitel noch eingehender beschrieben.

In Deutschland ist die Körung die Ausgangsposition für die Reinzucht von Bienenköniginnen. Mit Hilfe der Körung wird versucht, die vererbbaren Eigenschaften an Leistung und Verhalten eines Bienenvolkes sichtbar zu machen und erforderlichenfalls zu regulieren.

Neben den vererbbaren Faktoren gibt es auch viele andere nicht erbliche Grundsätze in der Zucht, die ebenfalls von großer Bedeutung für eine hohe Volksleistung sind. Von hohem Stellenwert sind dabei die Aufzuchtbedingungen für die Königinnen. Wer dies bei der Zucht vernachlässigt, muss mit schlechteren Ergebnissen rechnen.

Gute Völker verlieren ihren wirtschaftlichen Wert für die Nachtzucht, wenn sie eine Tendenz zum Schwärmen haben. Dieser Vermehrungstrieb unterscheidet sich oft von Volk zu Volk und ist ein Ergebnis der genetischen Abstammung und von Kreuzungszuchten. Da die Königin bei

Ein zu Testzwecken von den Bienen ausgeräumter Teil einer Brutwabe zur Feststellung ihres Hygieneverhaltens (Putztrieb). (Foto: Gilles Fert)

der natürlichen Begattung von mehreren Drohnen unterschiedlicher Abstammung begattet wird, besteht auch hier das Risiko, dass die Nachkommen unerwünschte Eigenschaften aufweisen. **Auch Völker mit höherer Verteidigungsbereitschaft kommen selbstverständlich nicht mit in die Zuchtauswahl.** Es gibt auch keinen Beleg dafür, dass es einen Zusammenhang zwischen höherer Aggressivität und gleichzeitig höherer Honigleistung gibt (S.TABER, 1987), wie es vielfach noch dargestellt wird. Andererseits ist sicher, dass Völker mit einem höheren Putztrieb widerstandsfähiger gegenüber Krankheiten und Schädlingen sind, die Faulbrut mit eingeschlossen. **Um dieses Putzverhalten zu messen, sticht man 50 Brutzellen (Stadium der Puppen: rosa bis violette Augen) mit einer feinen Insektennadel an (Größe 000) und bewertet, wie groß der Anteil geöffneter Zellen nach sechs Stunden ist. Sollten nach sechs Stunden nur wenige Zellen geöffnet sein, ist es besser, die Dauer bis zur Auszählung auf sieben oder acht Stunden zu verlängern.** Das ist gleichsam auch wegen der allgegenwärtigen Varroose von größter Bedeutung. Die von vielen Imkern, Instituten und Universitäten in einigen europäischen Ländern getragene Arbeitsgemeinschaft für Toleranzzucht bedient sich ebenfalls der Kontrolle des Ausräumverhaltens zu Testzwecken getöteter Brut durch die Putzbienen. Der Schwankungsgrad der Varroatoleranz zwischen den Völkern ist häufig noch groß. Zur Zucht müssen deshalb Völker ausgewählt werden, die auch dieses Kriterium erfüllen.

Die bereits genannten Auswahlkriterien machen die Auswahl eines Zuchtvolkes möglich. Wer noch mehr über Auswahlkriterien bei der Zucht erfahren möchte, der sollte sich das Buch von Tiesler, Bienefeld und Büchler, „Selektion bei der Honigbiene“, beschaffen, wo explizit betont wird, dass nur die Auswahl der Weg zum Erfolg ist, ganz gleich, welche Zuchtmethoden auch immer angewandt werden. Denn es gibt keine Königinnenzucht ohne gezielte Auslese. Um zu verhindern, dass der Spermavorrat in der Spermatheka zu schnell verbraucht wird, hält man häufig ausgewählte Zuchtköniginnen, nachdem sie ein Jahr lang in Standardvölkern geprüft wurden, in möglichst kleinen Beuten. Andererseits ist es besser, die Zuchtköniginnen in gleicher Weise wie die Wirtschaftsvölker in den gleichen Beuten mit gleicher Größe mitlaufen zu lassen, um beim Umlarven leichter Larven im richtigen Alter zu erhalten.

Der Zuchtstoff

Die Wahl des Zuchtstoffes ist für die Zucht entscheidend. Er muss, wie oben schon mehrfach betont, aus nachzuchtwürdigen Zuchtvölkern stammen. In welcher Form der Zuchtstoff Verwendung findet, ist gleich. Denn sowohl die Königinnenzucht aus dem Ei wie aus einer jungen Larve ist biologisch betrachtet ohne Unterschied.

Das Alter des Zuchtstoffes

Zur Wahl der umzularvenden jungen Maden gibt es unterschiedliche Aussagen und Erkenntnisse. WEISS (1980) hat dazu umfangreiche wissenschaftliche Untersuchungen durchgeführt. Er kommt zu dem Schluss, dass bei Königinnen, die aus Eiern und 1,5 Tage alten Maden aufgezogen wurden, keine erkennbaren Unterschiede nachweisbar waren.

Vom Transport und Versand von Eistücken raten wir ab, weil die Eier in den Waben bis zum Schlüpfen der Larven aus den Eiern in fremden Völkern von den Arbeiterinnen ausgeräumt werden und es leichter ist, Larven umzularven. Günstiger ist der Versand von Larven. Am sichersten ist der Kauf von gutem Zuchtstoff bei Umlarvaktionen der Landesverbände und bei anerkannten Züchtern. Am sichersten ist es zudem, Zuchtstoff aus mehreren Völkern zu erwerben. Wie oben schon erwähnt, ist der Transport von Eistücken risikobehaftet, denn die Eistücke sind überaus empfindlich. Sie können nur einige Stunden außerhalb des Volkes überleben. Erst nach dem Schlüpftermin sind sie weniger empfindlich, daher hat der Transport von Larven ein geringeres Risiko. Sie sind widerstandsfähiger und man kann sie in einem Ableger bis zu zwei Tage transportieren (WEISS). Fünf bis sechs Stunden Transport und kühlere Temperaturen schaden einer Wabe mit jungen Larven auch nicht. Um eine Austrocknung der Wabe zu vermeiden, ist es notwendig, sie in ein feuchtes Handtuch einzuwickeln.

Herstellung von Weiselnäpfchen aus Wachs

Was die Akzeptanz der Weiselnäpfchen angeht, so scheint es keine besonderen Anforderungen an das Wachs zu geben. In der Endkonsequenz könnte man sowohl Deckelwachs als auch Wachs von alten Waben nehmen. In der Regel stellt man die Näpfchen aber aus hellem Wachs her. Mittels eines zylindrischen Formholzes lassen sich Weiselnäpfchen, die etwa 8 mm lang sind und einen Durchmesser von 9 mm besitzen, anfertigen. Das Ende des Formholzes muss dazu gut poliert und abgerundet sein. Zuerst taucht man es in sehr heißes, mit etwas Spülmittel versetztes Wasser und schüttelt anschließend das anhaftende Wasser wieder ab. Dann taucht man es in einen Behälter mit flüssigem Wachs,

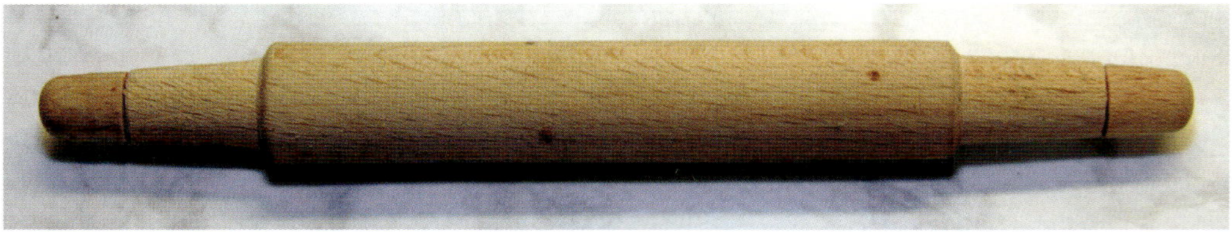

Einfaches Formholz mit beidseitigen Formen aus Hartholz. Für Freizeit- und Kleinimker, die nur für sich Königinnen züchten, dürfte dieses Gerät ausreichend sein.

Die gezogenen Weiselnäpfchen kann man auch längere Zeit in einer luftdichten Verpackung lagern.
(Fotos: Klaus Nowottnick)

das knapp über den Schmelzpunkt erhitzt wurde. Das Näpfchen bekommt seine Form durch mehrmaliges Eintauchen: Das erste Mal 8 bis 10 mm tief und das zweite Mal weniger tief usw. Dadurch entsteht ein Weiselnäpfchen mit einem dünnen Rand und einem dicken Boden. Damit ist es möglich, es problemlos an einem Weiselstopfen oder direkt an der Zuchtlatte mit flüssigem Wachs befestigen zu können.

Zuletzt taucht man das Formholz mit dem Näpfchen noch einmal in kaltes Wasser, wo es erhärtet und anschließend unter leichten Drehbewegungen abgezogen werden kann.

Um die Herstellung der Näpfchen zu beschleunigen, verwendet man besser abwechselnd zwei dieser Formhölzer, von denen jeweils eins zur Abkühlung in einen Wassertopf kommt. Wenn sich die Näpfchen nicht gut vom Formholz abziehen lassen, dann liegt es daran, dass sich das Formholz nicht ausreichend mit Wasser vollgesogen hat. Größere Imkereien arbeiten auch mit mehreren Formhölzern.

Es gibt auch Formhölzer, mit denen zu gleicher Zeit mehrere Näpfchen hergestellt werden können. So lassen sich mit einer Kautschukform von KEMP auf einmal 10 Weiselnäpfchen anfertigen. Auch das Entfernen der Näpfchen ist von dieser flexiblen Form einfacher.

Falls eine größere Anzahl von Näpfchen benötigt wird – auf eine Zuchtlatte gehen durchschnittlich 15 oder 16 Weiselzellen –, ist es sinnvoll, sich eine Vorrichtung zu bauen, bei der in einer Reihe und in der Länge der Zuchtlatte die benötigten 15 oder 16 Formhölzer angebracht sind.

In diesem Fall müssen die Näpfchen nach dem Tauchen nicht einzeln entfernt werden, sondern man stellt das Gerät mit dem Boden der Näpfchen auf die Zuchtlatte und befestigt sie, indem flüssiges Wachs mit einem kleinen Löffel angegossen wird. Nach einer kurzen Wartezeit ist das Wachs abgekühlt und man kann das Formholz abheben.

Der Fachhandel bietet schon seit Jahren Weiselnäpfchen aus Plastik an, die meist Teil eines Zuchtsystems sind und die sich wachsender Beliebtheit erfreuen. Das betrifft insbesondere Züchter, die viele Königinnen aufziehen.

Mit der Kautschukform nach KEMP lassen sich größere Stückzahlen an Weiselnäpfchen herstellen.
(Foto: Gilles Fert)

Für den Starter vorbereitete, aus dem Rähmchen herausnehmbare Zuchtlatten in der Imkerei Breaux (USA) mit Weiselnäpfchen zum Anbrüten.
(Foto: Klaus Nowottnick)

16 Weiselnäpfchen pro Zuchtlatte sollten das Maximum sein, wenn man gute Königinnen züchten möchte.
(Foto: Gilles Fert)

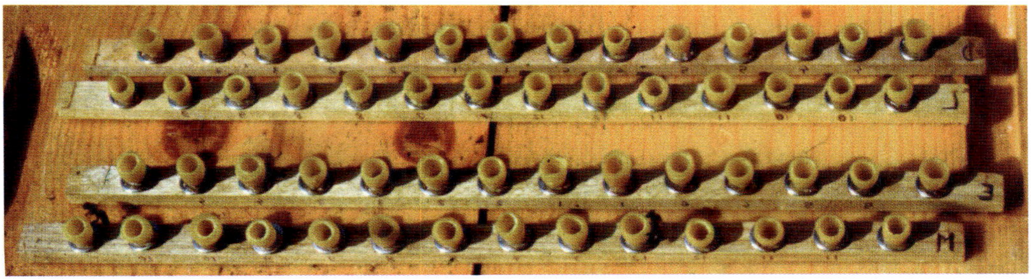

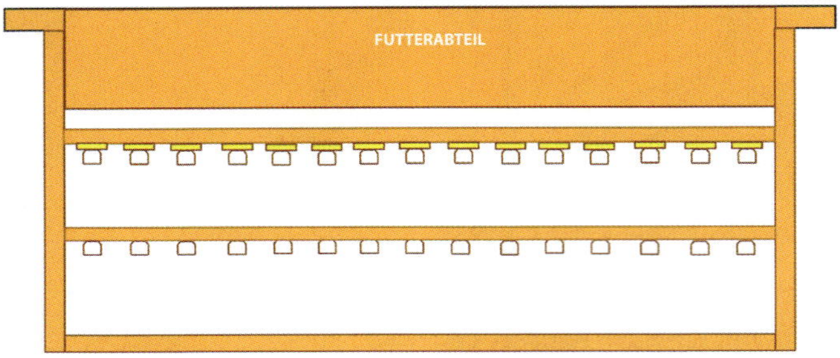

Zuchtrahmen mit Futtertrog und 2 Zuchtlatten. An der oberen Zuchtlatte sind die Weiselnäpfchen an Plättchen befestigt worden und unten unmittelbar an der Zuchtlatte.
(Grafik: Klaus Nowottnick)

Vorbereitung der Zuchtlatten

Bei den Zuchtlatten gibt es die unterschiedlichsten Bauarten. Man verwendet häufig Latten mit Bohrungen, in welche die Zuchtstopfen mit den Weiselnäpfchen eingesteckt werden. Wer mit Zuchtsystemen arbeitet, verwendet Zuchtlatten, auf denen man die Trägersockel befestigt. Auf diese wird später der Zuchtstopfen einfach aufgesteckt.

Berufsimker und große Zuchtbetriebe z. B. in den USA befestigen die Weiselnäpfchen mit einem Tropfen flüssigen Bienenwaches direkt auf den Zuchtlatten, auf die bereits ein Streifen Wachs angebracht wurde.

Rahmen mit Zuchtlatten und Futtereinrichtung

Ein Futterabteil kann man in jedes Rähmchen einbauen. Dazu benötigt man nur zwei Stücke Sperrholz und eine Leiste. Anschließend dichtet man den Fütterer von innen mit flüssigem Bienenwachs ab. In der Regel lassen sich in einen solchen Rahmen noch zwei Zuchtlatten einbauen und die Bienen besitzen noch einen Durchgang von 1 bis 2 cm zwischen Fütterer und oberer Zuchtlatte.

Der Abstand der beiden Latten zueinander muss 7 cm betragen. Es ist sinnvoll, die Zuchtlatten so anzubringen, dass sie sich auf einfache und schnelle Weise herausnehmen lassen, wenn die Zellen verwertet werden. Und es ist sehr vorteilhaft, nach dem Belarven der Zellen eine kleine Menge Futter in den Futtertrog zu füllen. Die Bienen werden dadurch sofort zu dem Zuchtrahmen gelockt und übernehmen rasch die Pflege der jungen Larven.

Die Schaffung guter Weiselzellen ist die eine Seite, die Produktion hervorragender Königinnen die andere. Damit die Königinnen auch wirklich von bester Qualität sind, sollte man den Pflegevölkern niemals mehr als 30 oder 32 Weiselnäpfchen auf einem, maximal zwei Zuchträhmchen zumuten. Sind die Zuchtlatten mit den entsprechenden Weiselnäpfchen bestückt, werden sie in einem Zuchtrahmen mit

Ein Zuchtrahmen mit Zuchtlatten und Futterabteil
(Foto: Gilles Fert)

Futtereinrichtung befestigt. Im deutschsprachigen Raum wird überwiegend mit der *Apis mellifera carnica* geimkert. Die Biene sollte bei der Zucht nie mehr als 15, maximal 20 Weiselnäpfchen, erhalten. Besser etwas weniger als zu viel. Deshalb ist die Anzahl von 15 wohl die angemessene Größenordnung, die eine optimale Pflege gewährt.

Putzen der Weiselnäpfchen durch die Arbeiterinnen

Viele Züchter lassen die Weiselnäpfchen vor dem Umlarven zuerst in einem Volk von den Arbeiterinnen putzen. Dazu werden die Zuchtlatten mit Zuckerlösung besprüht und für 2 oder 3 Stunden in ein weiselloses oder nicht weiselloses Volk gehängt. Man kann die Näpfchen auch dem bereits erstellten Anbrüter zum Putzen überlassen. Die Bienen hinterlassen dabei eine Substanz an den Näpfchen, welche die Akzeptanz im Startervolk erhöht. Diese Maßnahme ist besonders bei bestimmten Bienenrassen notwendig, wie der *Apis m. mellifera* (Schwarze Biene), der *Apis m. adansonii* (lokale Afrikanische Biene) und *Apis m. intermissa* (Tellbiene). Werden neue Kunststoffnäpfchen verwendet, ist das Putzen der Näpfchen durch die Arbeiterinnen bei allen Bienenrassen erforderlich.

Da ich mit dem Anbrütekasten arbeite, ist diese Vorarbeit durch die Arbeiterinnen, wie oben schon erwähnt, in diesem Kasten möglich. Am Vormittag wird der Anbrüter gebildet und anschließend werden oben die Stopfen mit den Weiselnäpfchen eingesteckt. Der Anbrüter kommt für drei Stunden in einen dunklen Raum und danach werden die Näpfchen belarvt. Mit dieser simplen Vorgehensweise hat man in der Regel eine gute bis sehr gute Annahme der winzigen Larven durch die Pflegebienen. Analog kann man das auch in einem Startervolk praktizieren.

Nachdem die Zuchtlatten mit Zuckerlösung besprüht worden sind, kommen sie für 2 bis 3 Stunden zum Putzen in ein Volk.
(Foto: Gilles Fert)

Das Umlarven

Noch immer ist das Umlarven in Züchterkreisen die am meisten verwendete Methode der Larvenumbettung. Bei diesem Verfahren werden die jungen Arbeiterinnenlarven mit Hilfe geeigneter Werkzeuge von der normalen Brutzelle in das Weiselnäpfchen übertragen. Verbreitung fand dieses Verfahren im deutschsprachigen Raum nach der Wanderversammlung 1880 in Köln, wo es vorgestellt wurde. In den USA war es G. M. DOOLITTLE (1889 und 1901), der erfolgreich Weiselnäpfchen aus Wachs herstellte und sie belarvte. Dieses Umlarven revolutionierte die Königinnenzucht in der ganzen Welt.

Geräte zum Umlarven

Zum Umlarven benötigt man geeignete Werkzeuge. Zwar kann man auch mit sehr einfachen Geräten die jungen Larven umbetten, aber nicht selten werden sie dabei auch beschädigt. Wer ein einfaches und dennoch simples Umlarvgerät vorzieht, kann sich auch einer Gänsefeder bedienen. Dazu werden die bei-

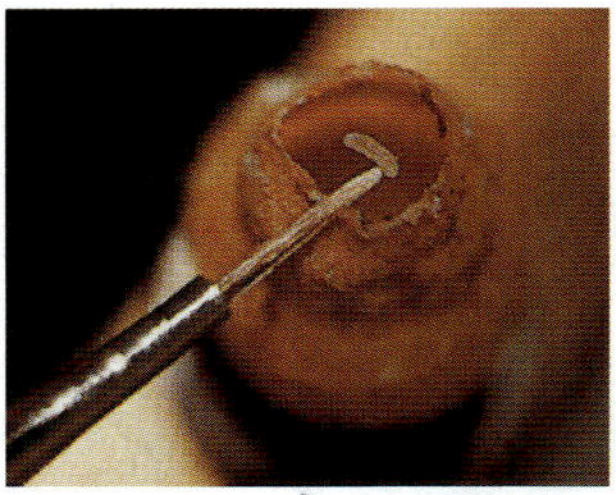

Sehr junge Larve wird umgelarvt.

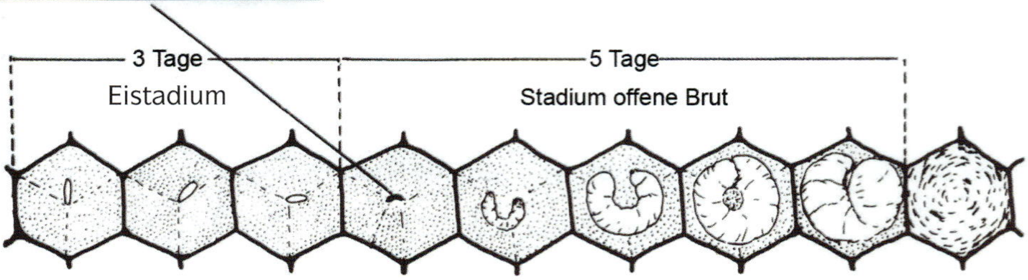

Bei der Wahl der kleinen Larve muss man darauf achten, dass sie gerade das Eistadium verlassen hat.
(Foto: Gilles Fert)

derseits ansitzenden Federn mit einer Schere abgeschnitten. Zurück bleibt der Federkiel, den man am unteren Ende so zuschneidet, dass nur der untere Teil der Kielwandung stehen bleibt. Dieser Teil wird nochmals mit einem scharfen Messer verdünnt. Das ist sehr wichtig, damit dieser Teil flexibel ist. Bei der Umsetzung der jungen Larve muss er sich nämlich am Boden biegen und unter der winzigen und empfindlichen Larve liegen, um sie herausheben zu können, ohne den Zellboden oder gar die Larve zu beschädigen. **Im deutschsprachigen Raum ist der Schweizer Umlarvlöffel das bekannteste und am meisten verbreitete Umlarvgerät.** Beim Transfer der Larve mit dem Umlarvlöffel wird gleichzeitig ein Tröpfchen Futtersaft mitgenommen, das zusammen mit der jungen Larve in das Weiselnäpfchen gelangt.

Vielfach bedient man sich auch Umlarvgeräten, bei denen eine ausfahrbare Metallzunge unter die Made geschoben wird, um sie herauszuheben. Der Markt hält noch einige andere Geräte unterschiedlichster Bauart bereit, die hier nicht weiter genannt oder bewertet werden sollen. Deshalb muss jeder Imker oder Züchter selbst herausfinden, welches Gerät für ihn das praktikabelste ist.

Entnahme der Waben zum Umlarven

Etwa 5 Tage vor dem Umlarvtermin erhält jedes der selektierten Zuchtvölker in die Mitte seines Brutnestes eine leere ausgebaute Wabe. Dabei ist es vorteilhaft, eine dunkle Wabe zu verwenden, weil man darin die umzularvenden Larven besser erkennen kann und weil der Zellboden härter ist, was das Umlarven zusätzlich erleichtert. Eine weitere Methode ist die Absperrung der Königin hinter einem vertikalen Absperrgitter. Sie kommt in ein Abteil mit drei Waben: die eine ist mit Pollen, die andere mit Futter gefüllt und in der Mitte befindet sich eine leere Wabe zum Bestiften.

Durch eine viertägige Rotationsperiode ist es möglich, sehr junge Larven zur Verfügung zu haben, die wichtig für eine gewissenhafte Zucht sind. Ein besonderer Vorteil dieser Absperrmethode ist die begrenzte Eiablage der Zuchtkönigin. Sobald die Leerwabe eingehängt

Der Zargenraum wird mit einem senkrechten Absperrgitter versehen. In dem entstandenen Raum findet die dort abgesperrte Königin eine Leerwabe, die sie bestiften kann. Beim späteren Umlarven findet man viele gleichaltrige Larven dort vor. (Foto: Gilles Fert)

wurde, sollte man etwas Reizfutter reichen. Dies sorgt für mehr Geschäftigkeit und dient der Erzeugung von mehr Weiselfuttersaft durch die Ammenbienen. Nach dieser Fütterung werden die Larven in mehr und in hellerem Futtersaft schwimmen und besser zu sehen und zu entnehmen sein. Die auf der Wabe ansitzenden Bienen sollte man nicht abstoßen, sondern mit einer Feder oder einem Besen vorsichtig abkehren, damit die jungen Larven nicht auf die Zellwand geschleudert werden.

Umlarven per Hand

Beim Umlarven handelt es sich um das Umsetzen einer jungen Larve, die meist 24 bis 36 Stunden alt ist. Die Larve in der Abbildung rechts entspricht in etwa diesem Alter und ist ideal zum Umlarven.

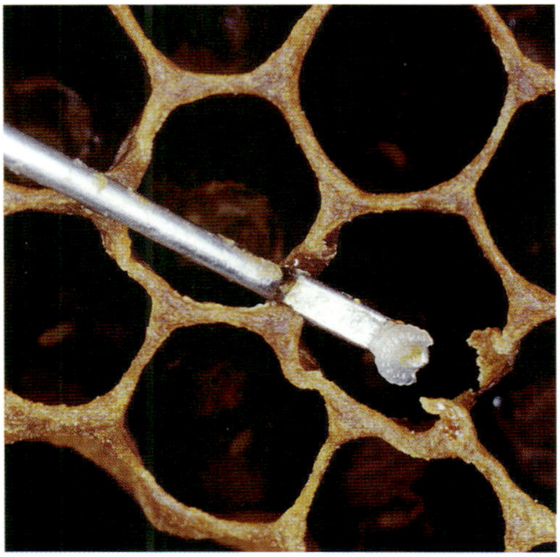

Mit dem Schweizer Umlarvlöffel kann man die kleinen Larven sehr komfortabel von der Zelle in das Weiselnäpfchen umsetzen.
(Foto: Klaus Nowottnick)

Eine Wabe mit ca. einen Tag alten Larven wird dem Zuchtvolk entnommen.
(Foto: Gilles Fert)

Wabe mit ca. einen Tag alten Larven, die sich zum Umbetten eignen.
(Foto: Klaus Nowottnick)

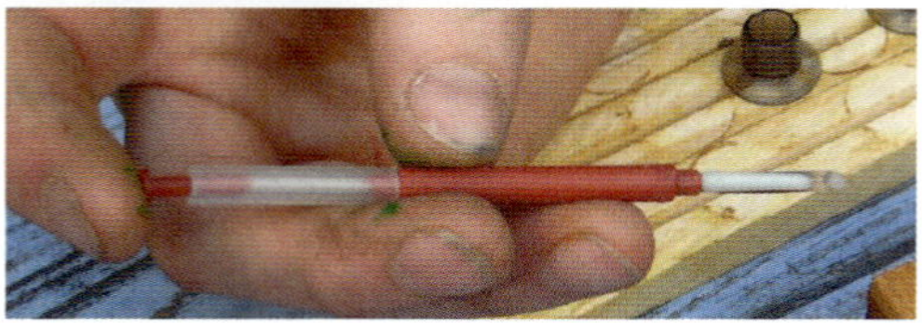

Umbetten sehr junger Larven mit einem chinesischen Umlarvgerät in Plastik-Weiselnäpfchen im Zuchtbetrieb Dean Breaux, USA. Das einfache Gerät besitzt eine biegsame Federkielzunge, mit der die Larve und etwas Futtersaft aufgenommen werden. Die Larve lässt sich abschließend schonend mit dem gefederten Abstreifer absetzen.
Eine große Lupe mit Kaltlicht erleichtert und beschleunigt das Umlarven wesentlich.
(Foto oben: Klaus Nowottnick unten: unbekannt)

Auf dieser Wabe finden sich im Randbereich der Brutfläche viele einen Tag alte Larven, die umgebettet werden können.
(Foto: Klaus Nowottnick)

Beabsichtigt man, nur wenige Larven umzusetzen, oder praktiziert dies unter unzureichenden Lichtverhältnissen, kann auch eine kleine LED-Lampe die Lösung sein, wie hier im Bild zu sehen.
(Foto: unbekannt)

Die Großlupe mit eingebauter Kaltlichtquelle macht es möglich, auch die kleinsten Details beim Umlarven zu erkennen.
(Foto: Gilles Fert)

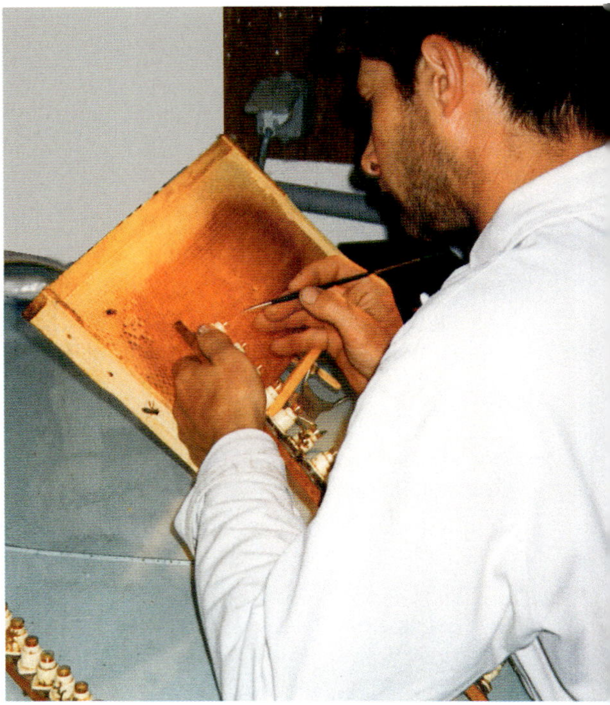

Gilles Fert beim Umlarven in Plastik-Weiselnäpfchen des Nicot-Systems.
(Foto: Klaus Nowottnick)

Jeder Züchter weiß, dass das Alter der Larve zum Zeitpunkt des Umlarvens die Qualität der späteren Königin beeinflusst. Gute Augen und eine ruhige Hand sind Voraussetzung, um die kleinen Larven aus den Zellen heben zu können. Wer nicht mehr so gut sehen kann, der kann auch mit Hilfe einer beleuchteten Lupe diese Arbeit verrichten. Das Umlarven sollte an einem geeigneten Platz geschehen mit einer passenden Temperatur von ungefähr 25 °C und einer hohen Luftfeuchtigkeit sowie sehr guter Beleuchtung mit Kaltlichtlampen.

Das System Lupe mit Lampe erleichtert das Umlarven ungemein, insbesondere für jene Imker, deren Sehkraft nachgelassen hat. Mit Lupen, deren Lichtquelle kein kaltes Licht abgibt, ist aber vorsichtig umzugehen, insbesondere sollte dann der Abstand zwischen der Lichtquelle und der Wabe wegen der Wärmestrahlung nicht zu gering sein. Sind alle Bedingungen erfüllt, so kann man mit dem Umlarven beginnen. Die Wahl des Werkzeuges zum Umsetzen der jungen Larven ist nicht von entscheidender Bedeutung. Wichtig ist allerdings, dass die Larven unbeschädigt aufgenommen und abgesetzt werden können.

In den deutschsprachigen Ländern wird überwiegend ein Umlarvlöffel verwendet. Bewährt hat sich dabei insbesondere der Schweizer Umlarvlöffel. Vor allem, wenn man den Löffel unten auf die Hälfte der Stärke abschleift und danach die scharfen Kanten abrundet, ist dieser Umlarvlöffel ausgezeichnet.

Geschickte Imker fertigen sich diese Umlarvlöffel aus Fahrradspeichen selbst an. Auch ein schmaler Malpinsel (Größe 00) kann zur besten Zufriedenheit zum Umlarven genutzt werden. Die kleine Larve klebt dabei am Pinsel an und kann problemlos ohne jede Beschädigung im Weiselnäpfchen abgesetzt werden. Diese Pinsel werden häufig von großen Königinnenzüchtern verwendet. Die ersten Umlarvwerkzeuge waren angespitzte Gänsefederkiele, die man auch heute noch in vielen Ländern in Gebrauch hat. Imkereigerätehändler bieten teilweise ein chinesisches Umlarvgerät" an, dessen wichtigster Teil aus einer angespitzten Gänsefeder besteht. Um das Risiko einer Krankheitsübertragung aus dem Weg zu gehen, sollten die Umlarvgeräte regelmäßig abgekocht oder mit Alkohol desinfiziert werden.

Imker beim Umlarven in Mexiko.
(Foto: Gilles Fert)

Beim Umlarven platziert man die Wabe mit den Maden so, dass das Licht in die Zellen fällt. Durch das Platzieren einer Leiste unter den Rähmchenoberträger befinden sich die Zellen in passender Position und auch das Licht kann gut in die Zellen fallen. Dadurch hat man beide Hände frei. **Generell ist es ratsam, vor dem Umlarven mit einer Spritze ca. einen halben Tropfen leicht erwärmtes Gelée Royale (Verhältnis Gelée Royale zu Wasser ist ca. 50/50) in jedes Näpfchen zu geben. Auf diese Weise hat die Larve von Anfang an Nahrung, kann nicht so leicht austrocknen oder beim Abstreifen verletzt werden und auch das Abstreifen der Larve vom Umlarvlöffel ist leichter. Unmittelbar nach dem Umlarven der Larven in die Näpfchen muss das Zuchträhmchen in ein nasses Handtuch eingewickelt werden, um ein Austrocknen des Gelée Royales und der Larven zu verhindern.**

Umlarven unter freiem Himmel in Afrika
(Foto: Gilles Fert)

Diese Methode ist besonders zu empfehlen, wenn man mit dem Starter arbeitet, um ein Austrocknen der Larven zu verhindern, insbesondere dann, wenn die Zeit zwischen dem Umlarven und dem Zuhängen der Zuchtwabe in den Starter länger als nur ein paar Minuten in Anspruch nimmt. Bei der Arbeit mit dem Anbrüter spielt das eine geringere Rolle, weil jedes belarvte Näpfchen umgehend über die Lochleiste zurückgegeben wird. Weniger von Bedeutung ist das, wenn man nur zur Weiselfuttersaftgewinnung umlarvt. Sollen aber Königinnen aus diesen Larven entstehen, so müssen sie so schnell wie möglich in den Starter gebracht werden. Dort werden sie umgehend von den Ammenbienen angenommen und mit Futter versorgt.

Jeder gewissenhafte Königinnenzüchter, der diese Bezeichnung auch verdient, wird sein besonderes Augenmerk darauf richten, dass es keine zeitlichen Verzögerungen gibt. Denn je zügiger gearbeitet wird, desto qualitativ hochwertiger werden die Königinnen sein, weil es kaum eine Unterbrechung in der Futterversorgung der jungen Larven gibt. Mit ein wenig praktischer Erfahrung und Berücksichtigung des Umfeldes kann man beim Umlarven eine Annahmerate von 95 % erreichen.

Doppeltes Umlarven

Das Prinzip dieser Methode beruht auf dem Umsetzen einer jungen Larve in ein Weiselnäpfchen und deren Entfernung nach 36 bis 48 Stunden. Das Näpfchen wird aber bei diesem Verfahren sofort wieder mit einer anderen, jungen Larve belegt. In der Zelle ist nun überreichlich Futtersaft enthalten, in der Absicht, den jungen Maden durch das überreichliche Futterangebot in der Zelle einen optimalen Entwicklungsstart zu geben, was sich letztlich in größeren und möglicherweise qualitativ hochwertigeren Königinnen bemerkbar machen soll.

Viele Wissenschaftler haben die Methode des doppelten Umlarvens in zahllosen Versuchsreihen getestet, aber die Meinungen gehen dabei oft auseinander. VOLSEVICH meint, dass die Königinnen, die durch das doppelte Umlarven entstanden sind, mindestens genauso gut sind wie Königinnen aus natürlichen Schwarmzellen. Die Arbeiten von G. D. BILASH und H. MONTAGNER besagen, dass auf diese Art aufgezogene Königinnen schwerer sind als jene, die nur einfach umgelarvt wurden. Deshalb bieten amerikanische Königinnenzüchter ihre „doppelt umgelarvten" Königinnen um einige Dollar teurer an.

Schnitt durch eine offene Weiselzelle nach 24 Stunden im offenen Starter. Durch das doppelte Umlarven wurde die erste Larve entfernt und durch eine neue, jüngere Larve ersetzt.
(Foto: Gilles Fert)

Sie sind zwar größer als natürlich aufgezogene, für die Leistung eines Volkes ist jedoch in erster Linie die Genetik der Königin und ihrer Paarungspartner entscheidend. Es ist daher fraglich, ob sich der zusätzliche Aufwand lohnt.

Umlarven mit der Zellstanze

1952 entwickelte ÖRÖSI-PAL eine Technik zum Ausstanzen des Zellbodens mit zwei Tage alten Eiern. Nach Dr. R. JORDAN (1953) werden auf diesem Wege bessere Königinnen gezüchtet, aber leider ist die Annahme mit 50 % sehr niedrig und der zeitliche Aufwand ist größer.

Heute ist diese Methode fast in Vergessenheit geraten. Nur in einigen osteuropäischen Ländern wird das Verfahren des Zellausstanzens noch regelmäßig praktiziert und überraschenderweise auch mit einer besseren Annahmerate, als oben genannt.

Im Fachhandel sind Zellenstanzen heute noch erhältlich. Ihre Funktionalität ist überwiegend einheitlich. **Die Schweizer Zellenstanze zählt zu den Klassikern und ist weit verbreitet. Das Gerät besteht aus zwei Zylinderhälften, die zueinander passen und am oberen Ende verbunden sind.** Zum Ausstanzen der Zelle drückt man die beiden Zylinderhälften zusammen und presst die Stanze unter drehenden Bewegungen um die ausgewählte Zelle auf der waagerecht aufliegenden Wabe. Anschließend zieht man die Stanze aus der Wabe, setzt sie auf dem Tisch auf und lässt sie durch Wegnahme des Fingerdruckes aufspringen. Auf dem Tisch bleibt eine Zelle mit einer jungen Larve zurück, die man in einem Klemmstopfen befestigen kann. Das Material ist Stahlblech, das teilweise eine galvanisch aufgebrachte Oberfläche besitzt.

Eine Zellenstanze etwas anderer Bauart und Funktion kann man sich auch selbst herstellen. Dazu sägt man bei einem Bürokugelschreiber etwa 3 mm von der Spitze ab. Das Gehäuse wird nun ein Stempel, mit dem man den Zellboden ausstanzt, auf dem das Ei bzw. die junge Larve liegt. Um das Ausschneiden des Zellbodens zu vereinfachen, sollten nur neue, bisher nicht bebrütete Waben dazu genommen werden, weil in ihnen noch keine Nympfenhäute hinterlassen wurden, denn diese erschweren das Ausstanzen. Die Wabe mit den Zuchtmaden muss mit besonderer Sorgfalt behandelt werden, damit sie nicht verrutscht, sondern im Zentrum des Zellbodens liegenbleibt.

Für Weiselnäpfchen, in denen die ausgestanzten Zellböden samt Larven abgelegt werden sollen, empfiehlt sich eine Nachformung mit einer am unteren Ende mehr spitz zulaufenden Form. Dadurch entsteht im Boden eine Vertiefung. Diese sollte den gleichen Durchmesser haben wie das Ende des abgesägten Kugelschreibers und ungefähr 1 bis 1,5 mm tief sein. Die Herstellung der Zellen ist aber anfangs genau die gleiche wie sonst auch. Von der Zuchtwabe, aus der die Zellböden gestanzt werden, kürzt man zuvor mit einer Rasierklinge oder einem erwärmten Messer die gegenüberliegenden Zellen ein. Die Larven entnimmt man nur einer Wabenseite oder dem Wabenstreifen. Nachdem die Vorbereitungen abgeschlossenen sind, kann nun auf das Umsetzen selbst eingegangen werden.

Zuerst muss die Zellstanze in Wasser getaucht werden, damit später nicht das Wachs daran haften bleibt. Dann wird vorsichtig der Zellboden ausgestanzt, um die junge Larve nicht zu beschädigen. Ist der Zellboden mit der Larve ausgeschnitten, wird er einfach durch Drücken des Kugelschreiberdrückers auf dem Boden des Weiselnäpfchens platziert. Mit einer Nadel lässt sich der Zellboden anschließend mühelos genau in die Mitte des Weiselnäpfchens setzen. Danach wird die Zuchtlatte umgehend in den Starter gebracht, wo sie für 24 Stunden verbleibt. Die Arbeit mit Zellstanzen ist weniger effektiv und deshalb auch nicht so verbreitet.

24 Stunden nach dem Umlarven sind die Näpfchen angebrütet. Zuchtbetrieb Dean Breaux, USA.
(Foto: Klaus Nowottnick)

Das Copularve-Zuchtsystem in Teilen
(Foto: Klaus Nowottnick)

Von dieser Seite bestiftet die Königin, die von hinten aufgesetzten Weiselnäpfchen. Das aufgesetzte Plastikabsperrgitter verhindert ihr Verlassen der kleinen Kunststoffbox.
(Foto: Klaus Nowottnick)

Für die Aufzucht von Königinnen eignet sich auch sehr gut das JENTER-System aus Deutschland oder das COPULARVE-System der Firma Nicot aus Frankreich. Beide Zuchtsysteme sind mit umfangreichen Gebrauchsanweisungen ausgestattet und im Imkereigerätefachhandel erhältlich. Bei beiden Bausätzen ist es erforderlich, zuerst die Königin des Zuchtvolkes herauszufangen und auf die kleinen Rahmen der Zuchtsysteme zu sperren, wo sie ihre Eier in die Weiselnäpfchen ablegen kann, die dann herausgenommen und z. B. auf Zuchtlatten gesteckt werden. Nach 24 oder 36 Stunden im Starter bzw. Anbrüter sind die angebrüteten Weiselnäpfchen reichlich mit Weiselfuttersaft gefüllt.

Nun werden diese angebrüteten Zellen dem Finisher (Pflegevolk) eingehängt. Bevor wir aber dazu ins Detail gehen, muss noch einmal die Grundausstattung einer erfolgreichen Königinnenzucht überprüft werden.

- Kompromisslose Auswahl der Zucht- und Pflegevölker
- Beuten mit starken Völkern
- Überreichliche Vorräte an Pollen für die Ammenbienen
- Flüssigfütterung nach jeder Bearbeitung
- Umsetzen der jüngsten und damit kleinsten Larven
- Einhaltung einer möglichst kurzen Zeit zwischen dem Umlarven und dem Umhängen der Zuchtlatten in den Starter (Anbrüter)

Zuchtsysteme

Schon erwähnt wurden zwei bekannte Zuchtsysteme, die mittlerweile eine breite Anzahl von Imkern und Königinnenzüchtern erreicht haben und die damit überaus erfolgreich arbeiten und sehr zufrieden sind. Bei diesen Systemen erspart man sich das leidige Umlarven, das insbesondere für Imker mit Sehschwächen oder unruhiger Hand schwierig sein kann.

Nicot-Copularve-System

Beim Nicot-Zuchtsystem handelt es sich um ein bewährtes Baukastensystem, mit dem man eine effektive Zuchtarbeit leisten kann. Es besteht aus der Zuchtkassette, die auch der größte Bestandteil des Systems ist. Man verwendet sie,

Auf der Rückseite der Kassette werden die Weiselnäpfchen aufgesetzt und abschließend eine Platte aufgesetzt, die ein Verbauen der Näpfchen durch die Bienen verhindert.
(Foto: Klaus Nowottnick)

indem sie in ein leeres Rähmchen des Standmaßes eingebaut wird, oder man schneidet ein Stück aus einer bereits ausgebauten Wabe heraus und passt die Zuchtkassette straff sitzend ein. Die andere Variante ist deren Befestigung am Oberträger des Rähmchens. Anschließend gibt man das Rähmchen mit Zuchtkassette in das Volk, von dem nachgezogen werden soll. Bei der Platzierung des Zuchträhmchens ist es wichtig, dass der Abstand der Zuchtkassette zu den benachbarten Rähmchen 7 bis 8 mm beträgt. Für den erstmaligen Einsatz sollte der Rahmen mit der Kassette wenigstens 14 Tage vor der Verwendung für die Zucht bereits ins Brutnest gehängt werden, damit sich die Bienen daran gewöhnen. Bei nachfolgenden Einsätzen reicht die Zugabe innerhalb von 2 bis 4 Tagen vor dem Zuchtbeginn. Wenn sich die Bienen an dieses Plastikkästchen gewöhnt und sie die Plastikweiselnäpfchen geputzt und bespeichelt haben, wird die Königin im Volk abgefangen und in eine mit Stopfen verschließbare Öffnung unter dem aufgesteckten Plastikabsperrgitter hinzugesetzt. In die Kassette können von hinten 110 Plastikweiselnäpfchen eingesteckt werden und auf der Vorderseite kann die Königin sie bestiften. Wenn alles normal verläuft, sind die Zellen bereits nach 24 oder 36 Stunden bestiftet.

Nach dem Schlupf der Larven werden die Weiselnäpfchen von hinten entnommen und auf die Weiselnäpfchenhalter aufgesteckt. Diese werden auf die Sockel, die an Zuchtlatten befestigt sind, gesteckt. Der oder die Zuchtrahmen kommen schließlich in das vorbereitete Pflegevolk. Das System ist hervorragend, weil ein Umlarven gänzlich entfällt. Dennoch erfordert die Arbeit damit einige Erfahrung, die man aber rasch gewinnen kann. Die Größe der Zuchtkassette beträgt 147 x 130 x 28 mm.

Jenter-Umsteckverfahren

Mit der Kassette des Jenter-Umsteckverfahrens ist man in der Lage, die Königin eines zuchtwürdigen Volkes zur gezielten Eiablage auf der Kleinwabe des Systems zu veranlassen. Die Kassette des Jenter-Umsteckverfahrens ist so konstruiert, dass sie in regelmäßigen Abständen Passlöcher besitzt. Insgesamt sind es 112. In diesen Passlöchern werden die Einsteckzellen platziert. Anschließend wird die Rückseite mit einer Abdeckplatte verschlossen, damit die Zellen nicht von den Bienen verbaut werden können und damit dort kein Honig oder Pollen deponiert wird. Das Wabenprofil der Plastikmittelwand auf der Vorderseite wird vor der ersten Anwendung mit Honig bestrichen, dann das Wabengitter platziert und das Absperrgitter aufgesteckt. Zuletzt lässt man die Königin durch die verschließbare Öffnung im vorne angebrachten Absperrgitter einlaufen. Nach einigen Stunden ist die Eiablage beendet. Das Absperrgitter wird am anderen Tag wieder abgenommen und die Königin ist frei. Nach ca. 3 Tagen schlüpfen die Larven. Die Einsteckzellen mit den frisch geschlüpften, winzigen Larven

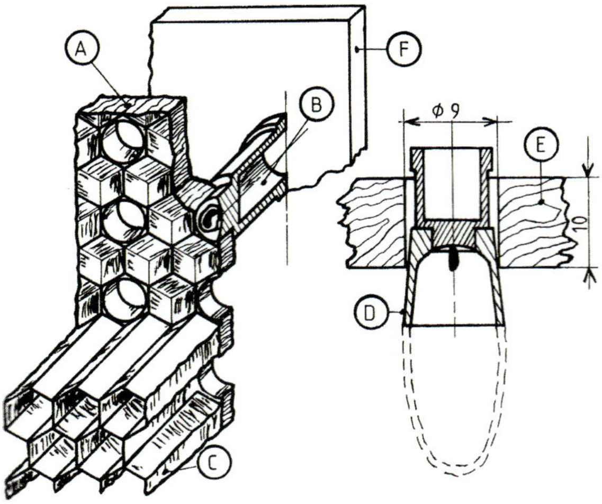

Details zum Umsteckverfahren nach Jenter

A - Zuchtwabe aus Plastik
B - Herausnehmbare Einsteckzellen
C - Von den Bienen errichtete Zellen
D - Weiselnäpfchen aus Plastik
E - Zuchtlatte des Zuchtrahmens
F - Abdeckplatte

(Grafik: Karl Jenter)

werden mit einem Stecker berührungslos aus der Kassette entnommen und in die Weiselnäpfchen umgesteckt. Es können auch dreitägige Eier umgesteckt werden. Die Weiselnäpfchen mit den Einsteckzellen werden dann in den Zellenträger umgesteckt und dieser in die Bohrungen der Zuchtlatte.

Am 10. bis spätestens 11. Tag werden die schlupfreifen Königinnenzellen mit den zugehörigen Verschulkäfigen geschützt. Die Weiterverarbeitung der Königinnenzellen oder geschlüpften Königinnen erfolgt wie bekannt. Wenn das Pflegevolk stark und mit vielen Jungbienen besetzt ist, gelingt meist schon der erste Zuchtversuch mit dem Umsteckverfahren.

Das Jenter-Zuchtsystem im praktischen Gebrauch (Foto: Gilles Fert)

Andere Zuchtmethoden

Vor 1880 erfolgte die Königinnenerneuerung meist durch das Schwärmen. Die Qualität der Königinnen ist wahrscheinlich für die damalige Zeit völlig zufriedenstellend gewesen (T. S. K. und M. P. JOHANSSON, 1978), aber die Schwarmzellen waren oft an ungünstigen Stellen angebaut und deren Entfernung immer ein Risiko, weil sie leicht beschädigt werden konnten. Außerdem fördert man auf diese Weise Abstammungen, die einen höheren Schwarmtrieb besitzen. Deshalb machten sich einige Imker Gedanken, wie man mit einfachen, aber gezielten Zuchtmethoden gute Königinnen gewinnen könnte. Nachstehend werden einige dieser Methoden vorgestellt, mit denen auch eine größere Anzahl Königinnen aufgezogen werden kann.

Zubehörteile des Jenter-Zuchtsystems
(Foto: Klaus Nowottnick)

Miller-Methode

C. C. Miller (1912) entwickelte eine simple, aber sehr effektive Methode, um Königinnen naturnah zu züchten. Dazu wird ein speziell vorbereitetes Rähmchen mit 0 bis 24 Stunden alten Larven in ein weiselloses Volk gegeben. Zuvor muss aber das Rähmchen entsprechend präpariert werden. Dazu werden mehrere Mittelwandstreifen von jeweils ca. 5–7 cm Breite benötigt, die annähernd so lang wie das Rähmchen hoch sind. Sie werden an der Unterseite pfeilförmig zugeschnitten und dann mit flüssigem Wachs oder einer Klemmleiste an der Unterseite des Rähmchenoberträgers befestigt.

Das Rähmchen wird in das Brutnest eines ausgewählten Zuchtvolkes gehängt. Nach einer Woche haben die Bienen die Mittelwandstreifen ausgebaut und die Wabenteile enthalten gerade geschlüpfte Larven und Eier. Nun ist die Wabe fertig, um in das Pflegevolk (Finisher) gehängt zu werden. Das sehr starke Pflegevolk wurde dazu bereits zwei oder drei Stunden zuvor ausgewählt, indem die dortige Königin zusammen mit zwei Waben junger Brut und den ansitzenden Bienen in einen anderen Kasten gehängt wurde. Dadurch wird im Zentrum des nun weisellosen Pflegevolkes so viel Raum frei, um den vorher im Zuchtvolk angebrüteten Rahmen einzuhängen. Das geschieht wie folgt: Sobald das Pflegevolk entweiselt ist, entnimmt man den Zuchtrahmen aus dem Zuchtvolk und fegt vorsichtig die ansitzenden Bienen ab. Wegen der Empfindlichkeit des Zuchtrahmens – das Wabenwerk ist durch keine Drahtung stabilisiert – muss sehr vorsichtig damit umgegangen werden. Man stellt ihn auf eine ebene Unterlage und entfernt mit einem scharfen Messer alle Wabenteile, die nicht benötigt werden. Nur die intakten Zellen 0 bis 24 Stunden alten Larven bleiben bestehen. Nach dieser Prozedur wird der Rahmen in den bereits genannten freien Raum des Pflegevolkes gehängt und das Brutnest wieder zusammengerückt.

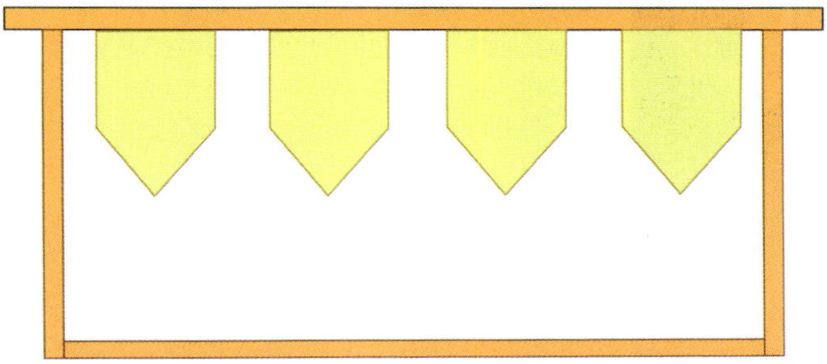

Rahmen mit Mittelwandstreifen nach der Miller-Methode
(Grafik: Klaus Nowottnick)

Zuschneiden der Mittelwandsegmente zum Einlöten in den Miller-Rahmen

Die Mittelwandsegmente werden mit einem Wax-Tube-Fastener (Anlötrohr) mit flüssigem Wachs am Rähmchenoberträger befestigt.

Der fertige Miller-Rahmen. Hier wurden die Segmente etwas zu lang gewählt, was der Funktionalität aber keinen Abbruch tut.

(Fotos: Klaus Nowottnick)

Zehn Tage später sind einige Zellen bereits „reif", d. h. verdeckelt, und können auf Ableger oder zuvor bereits entweiselte Völker aufgeteilt werden. **Beim Ausschneiden der schlupfreifen Zellen muss sehr vorsichtig vorgegangen werden. Man sollte sie sicherheitshalber lieber etwas großzügiger aus der Wabe ausschneiden.** Die Zellen sollten in einer ausgepolsterten Schachtel transportiert werden. Noch besser eignet sich ein Behältnis aus isolierendem Schaumstoff. Da die Zellen vor Verkühlung und vor Sonnenlicht geschützt werden sollten, müssen sie so schnell wie möglich auf die Völker oder Begattungsvölkchen verteilt werden, die eine neue Königin bekommen sollen. Bei der Neubeweiselung von großen Völkern befestigt man die Zelle auf einer Wabe, die sich unmittelbar in Brutnähe befindet. Befestigt man sie auf Futterwaben, besteht das Risiko der Verkühlung. Der beste Platz ist die obere Ecke der Brutfläche in der Nähe des Futterkranzes. Zur größeren Sicherheit kann man sie mit einem Zahnstocher oder Streichholz auf der Wabe anheften (H. H. LAIDLAW, 1950).

Alley-Methode

Bei dieser Methode entnimmt man einen Streifen junger Arbeiterbrut und befestigt ihn an einem zuvor gemachten Ausschnitt im unteren Teil einer Wabe. Man kann den Streifen natürlich auch an einer Leiste befestigen und in einem Rähmchen ins Volk hängen. Zudem ist es möglich, mit einer Zellstanze Arbeiterinnenzellen mit ganz jungen Maden auszustanzen und an dem Oberträger eines Rähmchens zu befestigen.

SMITH züchtete vor vielen Jahren Königinnen nach der Doolittle-Methode und verbesserte seinen Bestand damit. Später merkte er aber, dass die Königinnen, die nach der Alley-Methode gezüchtet wurden, angeblich besser waren als jene, die durch „Umlarven" entstanden waren.

Vorbereitung der Startervölker

Als Starter können folgende Völker verwendet werden:

a) Eine geschlossene Beute (geschlossener Starter), die aber gut belüftet sein muss.
b) Ein Volk, in dem die Bienen freien Zu- und Ausflug haben (offener Starter). Diese Variante nutzen die professionellen Züchter überwiegend, und zwar wegen der Einfachheit, der Wirksamkeit und der Zeitersparnis.
c) Letztlich gibt es Imker, die nur eine Königinnenserie züchten wollen. Sie benötigen dazu nur ein starkes, entweiseltes Volk: Eine Woche nach der Entweiselung wird nach wilden Nachschaffungszellen nachgeschaut, die bis auf die letzte ausgebrochen werden müssen. Dann wird der Zuchtrahmen mit den belarvten Weiselzellen eingehängt. Falls dieses Volk sehr viele Bienen und große Futter- und Pollenreserven aufzuweisen hat, kann man es gleichzeitig als Pflegevolk (Finisher) verwenden. Dazu bleibt der Zuchtrahmen etwa 10 Tage bis zum Ende der Entwicklung in diesem Volk. Diese Variante kann natürlich nur während einer Periode mit ausreichendem Pollen- und Nektarangebot genutzt werden. Das dürfte zur Schwarmzeit der Fall sein. Auf diese Weise kann man nur eine einzige Königinnenserie züchten.

Geschlossener Starter (Anbrütekasten)

Im deutschsprachigen Raum wird der geschlossene Starter Anbrüter genannt und ist weit verbreitet. Man verwendet ihn häufig auch zum schadlosen Transport von Zuchtstoff und natürlich als kleine weisellose Einheit, in der viele belarvte Zellen angebrütet werden können. Der Fachhandel bietet solche Anbrütekästen zu allen gängigen Rähmchenmaßen an. Man kann sie aber auch leicht selbst bauen. 4 oder 5 Rahmen fasst der Kasten, dessen Boden mit einem ganzflächigen Lüftungsgitter bespannt ist, sodass die Bienen nicht entweichen können, die Luftzufuhr aber gesichert ist. Der Kasten sollte an jeder Ecke einen Fuß besitzen, damit er nicht unmittelbar auf dem Boden sitzt und die Lüftung funktionieren kann. Da es bekanntermaßen kaum möglich ist, mit einer Königin im Volk die Pflege von Weiselzellen optimal zu gewährleisten, schafft man deshalb separat solche kleinen weisellosen Einheiten, die gut mit Futter, Pollen und Wasser versorgt werden müssen. Der Kasten erhält in Abhängigkeit vom Fassungsvermögen eine oder zwei Honigwaben, eine oder zwei Pollenwaben und eine mit Wasser gefüllte Leerwabe. Wenn die Bienen Wasser vorfinden, werden die Zellen besser angenommen und größere Mengen Weiselfuttersaft in den Zellen deponiert. Immerhin beträgt der Wasseranteil im Weiselfuttersaft 60 bis 70 %. Während sehr warmen Wetters sollte man einen mit kaltem Wasser getränkten Schwamm auf den Gitterboden des Kastens legen, um die erforderliche Luftfeuchtigkeit zu halten. SMITH (1933) demonstrierte, dass sich junge Larven nur bei einer Luftfeuchtigkeit von 95 % und darüber hinaus optimal entwickeln können.

Aus einem Volk werden die Jungbienen von 6 bis 7 gut besetzten Brutwaben, aber ohne Königin, über einen Trichter oder eine seitliche Schütte mit Absperrgitter in den Anbrütekasten gefüllt. Er sollte bis zur Hälfte mit Bienen gefüllt sein (Achtung: Bei zu viel Bienenmasse verbraust das Volk!). Die Menge der Ammenbienen ist schließlich entscheidend für eine optimale Annahme und Pflege der kleinen Larven. Sollte die Königin dennoch aus Versehen mit in den Starter geraten sein, dann erkennt man das daran, dass der Anbrüter auch nach 2–3 Stunden noch immer ruhig ist. Weisellose Starter geben ihr charakterisches aufgeregtes Brummen ab, dass die Weisellosigkeit anzeigt.

Anschließend wird der Deckel mit den Weiselstopfen aufgelegt und der Kasten für vier

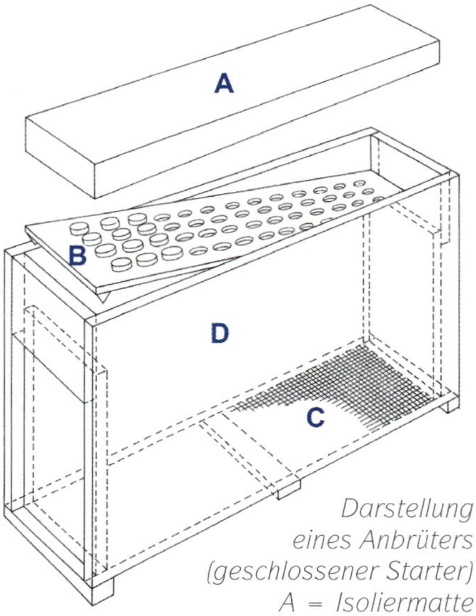

Darstellung eines Anbrüters (geschlossener Starter)
A = Isoliermatte
B = Deckel mit Bohrungen und Stöpseln
C = Gitterboden
D = Kastenkörper
(Grafik nach K. F. Böttcher)

Abkehren von Jungbienen ohne Königin in den Anbrüter.

bis fünf Stunden dunkel und kühl abgestellt. In dieser Zeit bespeicheln die Bienen bereits die Weiselnäpfchen, was die spätere Annahme der jungen Larven deutlich fördert. Nach einiger Zeit geben die Bienen durch Brausen ihre Weisellosigkeit kund.

Die Anbrüter im deutschsprachigen Raum sind meist so gebaut, dass die Weiselnäpfchen an Stopfen von oben über Lochleisten den Bienen gereicht werden (siehe Zeichnung), bevor der Starter die belarvten Näpfchen erhält. Anschließend können die Weiselnäpfchen mit den Larven besetzt und dem Anbrüter zugeführt werden.

Ein solcher Anbrüter kann, wie vorher schon einmal beschrieben, zwei Zuchtlatten mit je 16 bis 18 Weiselnäpfchen erhalten oder analog so viele Stöpsel mit Näpfchen von oben.

Wenn die Weiselnäpfchen von den Bienen geputzt worden sind, werden die jungen Larven umgebettet.

Der Anbrüter ist mit Bienen gefüllt und erhält nun die Weiselnäpfchen zum Putzen.

Damit sich die Bienen an die Plastiknäpfchen gewöhnen und sie putzen, kommt der Anbrüter für ein paar Stunden in einen dunklen Raum.

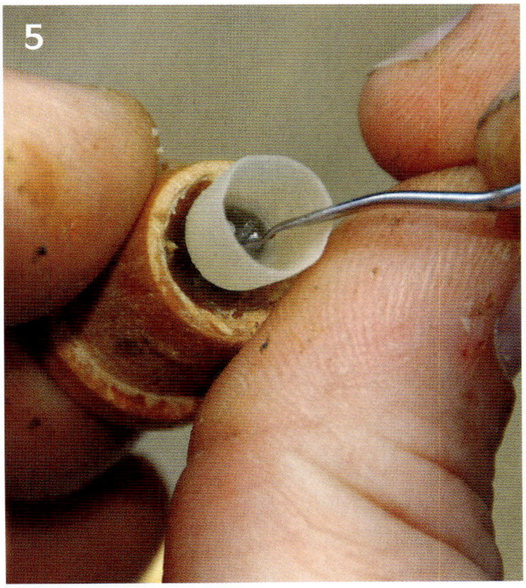

Es scheint, als ob die Bienen junge Larven in Wachsnäpfchen lieber anpflegen als in Plastiknäpfchen.

Die belarvten Weiselnäpfchen werden an ihren Stopfen eins nach dem anderen in die Löcher des Anbrüters gesteckt.

(Fotos: Klaus Nowottnick)

Mit diesem System kann man gute Ergebnisse erzielen, die gesamte Vorbereitung ist aber viel komplizierter als bei der nachstehend geschilderten Methode.

Offener Starter

Zum Unterschied vom geschlossenen Starter erlaubt der offene Starter den Bienen, ständig aus- und einzufliegen, um Nektar, Pollen und Wasser einzutragen. **Doch der größte Vorteil des offenen Starters ist, dass man mit seiner Hilfe während der gesamten Saison eine große Anzahl Zellen anbrüten lassen kann, ohne Schwierigkeiten zu bekommen und ohne spezielle Geräte zu benötigen.** Der offene Starter wird aus zwei Magazinzargen zusammengestellt (A und B), die durch ein Absperrgitter getrennt sind. Die obere Zarge B ist eine einfache Beute, in der sich die Königin und ein starkes Volk befinden. Dadurch kann der Starter immer wieder mit jungen Bienen versorgt werden, welche die Pflege und Fütterung der jungen Larven in der Zarge A sichern. Diese Zarge A wird mit 5 oder 6 Honig-, Pollen- oder Leerwaben ausgestattet. Der verbleibende freie Raum in dieser Zarge ist für die ständig erforderliche Bearbeitung durch den Imker erforderlich und veranlasst die Bienen, sich schneller zurückzuziehen, wenn er mit den Zuchtrahmen bestückt ist. Zwei Pollen- und zwei Honigwaben kommen an jede Seite des zugegebenen Zuchtrahmens, außerdem noch eine Leerwabe, wo die Bienen die Möglichkeit haben, das gereichte Futter und den eingetragenen Nektar einzulagern.

Der nächste Schritt besteht in der Besiedelung des Starters. Die Bienen werden dazu bereits einige Stunden vor dem Umlarven durch starke Rauchgaben aus der Zarge B durch das eingelegte Absperrgitter in die Zarge A nach unten gedrängt. Dabei ist sicherzustellen, dass in der Zarge B, in der sich die Königin befindet, noch genügend Bienen verbleiben, damit

Prinzip des offenen Starters

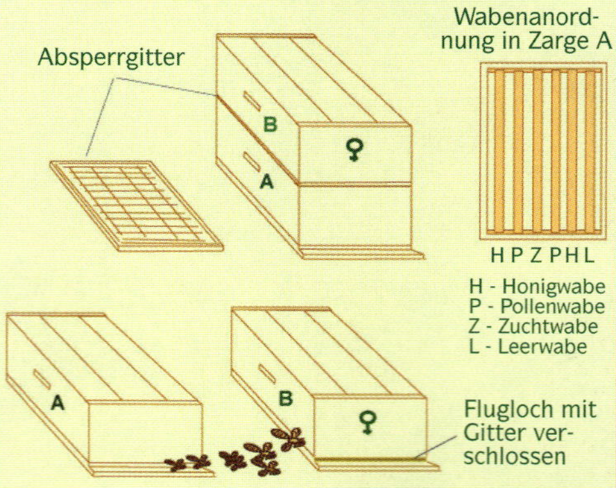

(Grafik: Klaus Nowottnick)

die Temperatur im Brutnest gehalten werden kann. Wenn ungefähr 2,5 bis 3,0 kg Bienen in der unteren Zarge A sind, wird die Zarge B abgenommen und hinter dem Starter aufgestellt. Für diese Zarge B wurde dazu bereits ein Boden, eine Fütterungseinrichtung, ein Deckel sowie etwas Drahtgewebe, um das Flugloch zu schließen, zusammengestellt. Es ist unbedingt darauf zu achten, dass die Königin nicht auf dem Absperrgitter verblieben ist, dass auf der Zarge A ruht. Die Zarge B wird nun geschlossen und am Beuteneingang ein Stück Lüftungsgitter angebracht.

Zum Umlarven wird nun die Wabe mit den jungen Larven aus dem Zuchtvolk geholt. Im Startervolk (Zarge A) ist der Königinnenverlust bemerkt worden, was die Bienen durch aufgeregtes Brummen hörbar werden lassen. Noch ein wichtiger Hinweis: Der Starter (Zarge A) sollte nicht zu nahe an weiselrichtigen Völkern aufgestellt werden, weil es immer eine Menge abdriftender Bienen gibt, was sehr zum Nachteil des Starters sein könnte, da Bienen, denen man die Brutwaben genommen hat, zu entkommen versuchen. Das Ausmaß dieser Rückwanderung ist sehr unterschiedlich und abhängig von der Bienenrasse. Bei

Vorbereitungen zum Einrichten der offenen Startervölker

Die Bienen werden mit Rauch in die Zarge A gedrängt

Der Starter steht auf seinem Platz, Zarge A enthält den Zuchtrahmen.

Eingerichtete Startervölker (Fotos: Gilles Fert)

der Italiener-Biene *A. m. ligustica* ist dieses Auswandern besonders ausgeprägt, ganz im Gegensatz zur Carnica-Biene *A. m. carnica*, die kaum Abwanderungen zeigt. Nach TIBOR SZABO (1986) nutzen 62 % der kalifornischen Königinnenzüchter diesen Startertyp für ihre Arbeit. Zwei bis drei Stunden nach der Aufstellung des Starters (Zarge A) werden die belarvten Zuchtlatten in dem Zuchtrahmen des Starters befestigt. Die Anzahl schwankt zwischen 2 und 4 Zuchtlatten, abhängig von der Stärke des Starters und der Jahreszeit. Der Starter bekommt eine dünne Zuckerlösung (30 bis 40 %) in den Futterraum des Zuchtrah-

Kleine Mengen Zuckerlösung nach jeder Bearbeitung verbessern das Zuchtergebnis. Achtung: Zu viel Zuckerlösung führt zum Verbauen der Weiselzellen.
(Foto: Gilles Fert)

Ein Rahmen mit angebrüteten Zellen. Die Arbeit hat sich gelohnt!
(Foto: Gilles Fert)

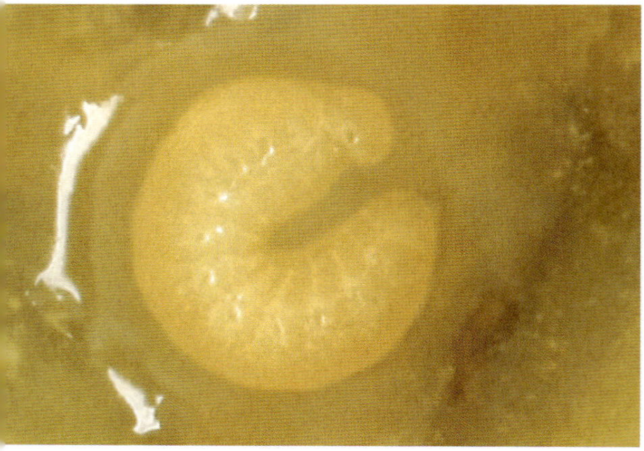

Nach 24 bis 36 Stunden schwimmen die Larven in einem Meer aus Futtersaft.
(Foto: Gilles Fert)

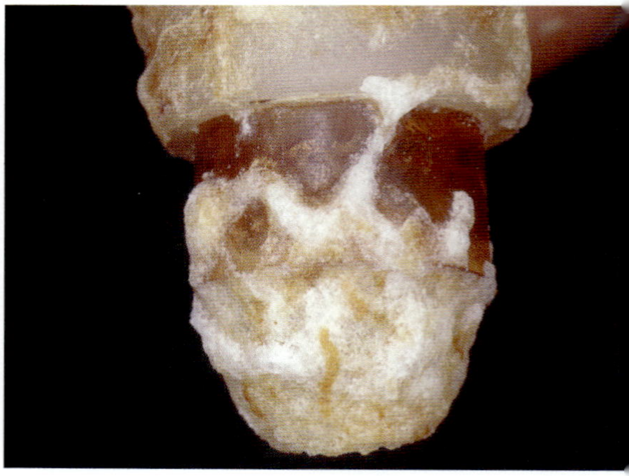

Eine angebrütete Weiselzelle
(Foto: Klaus Nowottnick)

mens gegossen. In Zeiten mit schwacher Tracht sollte man die Fluglöcher klein halten, um die Räuberei zu vermeiden.

Die angezogenen Weiselzellen kommen nach 24 Stunden vom Starter in den Finisher (Pflegevolk). Sind die angebrüteten Zellen entfernt worden, geht der Starter vorübergehend in die so genannte Ruhephase. Das Absperrgitter wird wieder auf Zarge A gelegt und Zarge B darübergestellt. Eine kleine Futtergabe kann das nun wiederhergestellte Volk etwas reizen. Es hat nun zwei oder drei Tage Ruhe, ehe ihm eine neue Serie von Weiselnäpfchen gegeben wird. Diese Verfahrensweise kann sich so über die gesamte Saison erstrecken. Mit dieser Methode der Zellanbrütung erspart man sich das jeweils mühselige Heraussuchen der Königin, und die Bienen in Zarge A können ausfliegen und Pollen eintragen, der für die Zucht wichtig ist. Auch die Annahme und Pflege der Weiselzellen beginnt unter besten Bedingungen, so dass die Königinnen von exzellenter Qualität sind.

Mit Kunstschwarmkasten

Arbeitet man mit dem Schwarmkasten als Starter, so erfordert das ein Mehr an Arbeit im Vergleich zur vorher genannten Methode. Allerdings lässt sich hiermit eine größere Anzahl Weiselzellen in hervorragender Qualität anpflegen, weil jede Larve mehr Weiselfuttersaft erhält als bei den anderen Vorgehensweisen. Die Gerätschaften beschränken sich auf eine Schwarmbox, deren Seitenwände mit Lüftungsgitter verschlossen sind und deren Außenmaße mit denen der verwendeten Magazinzargen identisch sind. Auf dieser Schwarmbox liegt ein Absperrgitter. Darüber findet eine Zarge mit 5 bis 6 kg jungen Bienen und Rähmchen mit Honig und Pollen Platz. In den unteren Schwarmkasten wird eine mit Wasser gefüllte Wabe gehängt, damit die Bienen die Luftfeuchtigkeit halten und regulieren können. Wie beim Starter kommen auch die Bienen in diesem Kasten für drei Tage an einen kühlen, schattigen Ort, am besten in den Keller. Am ersten Tag, ungefähr zwei Stunden, nachdem die Bienen eingefüllt wurden, kann der Schwarm bis zu 120 Zellen erhalten. Nach weiteren 24 Stunden kommen diese Zellen in das Pflegevolk (Finisher) und eine neue Serie mit 90 belarvten Weiselnäpfchen wird dem Schwarm hinzugefügt. Am dritten und letzten Tag sind es 60 belarvte Weiselnäpfchen, die er erhält.

Die Bienen in dem Schwarmkasten sind danach zu alt, um weiter als Pflegebienen zu fungieren. Sie können nun für die Besiedelung

Darstellung eines Schwarmfangkastens mit aufgesetzter Zarge und zwischengeschobenem Absperrgitter.
(Grafik: G. Fert / K. Nowottnick)

der Begattungskästchen verwendet werden. (Die Methode wird im Kapitel „Herstellung von Paketbienen" S. 134 erläutert.)

Wir haben der Beschreibung dieses Teiles schon etwas vorgegriffen, aber das erleichtert das Verständnis für die Verwendung des Starters.

Aufzuchtmethoden im Pflegevolk (Finisher)

Während das Zuchtvolk das ausgewählte Zuchtmaterial liefert, hat das Pflegevolk die Aufgabe, die Königinnen aufzuziehen. Es muss gesund sein und viele Pflegebienen besitzen, denn ihm obliegt die optimale Versorgung der jungen Zuchtlarven, aus denen einmal hochwertige Zuchtmütter entstehen sollen. Das ist die Aufgabe der jungen Bienen, die die Pflege absichern, weil nur sie ausreichend Futtersaft produzieren können. Schwache Völker oder Völker mit zu vielen Altbienen sind für die Pflege im Volk nicht geeignet. Das Volk sollte reichlich Futter und Pollen besitzen. Es gibt auch unterschiedliche Meinungen hinsichtlich des Zustandes des Volkes. Die einen meinen, ein

Pflegevölker müssen überquellen vor Bienen, nur dann sind eine optimale Versorgung der Larven und eine Entwicklung zu leistungsfähigen Königinnen möglich. Hier der Blick in ein weiselrichtiges Pflegevolk.
(Foto: Klaus Nowottnick)

Varroabehandlung mit Oxalsäurelösung zur festgeschriebenen Zeit in der Imkerei. Gilles Fert in Frankreich mit einem Dispenser.
(Foto: Gilles Fert)

in Schwarmstimmung gekommenes Volk würde sich dazu eignen. Die Mehrheit der Imker favorisiert jedoch solche Pflegevölker, die viele Bienen besitzen und sich in einer aufsteigenden Entwicklung befinden. Wie viele Königinnen ein Volk aufziehen kann, hängt von der Genetik ab. Völker, die gezielt auf Schwarmträgheit selektiert wurden, erzeugen auch weniger Königinnen. Zu dieser Zeit ist auch das Vorhandensein einer Pollentracht von großer Wichtigkeit.

Wie gut oder wie schlecht ein Pflegevolk ist, kann man auch an der vorhandenen Arbeiterinnenbrut feststellen. Wenn die jungen Larven in diesem Volk mit ausreichend Futtersaft versorgt sind, dann eignet es sich auch für die Aufzucht von Königinnen. Das Pflegevolk muss den Raum bis in die Ecken ausfüllen und bis zum Boden durchhängen. In solch starken Pflegevölkern ist auch eine kurzzeitige Schlechtwetterperiode unbeschadet zu überstehen. Optimal für die Pflege sind die Völker, die sich in der aufsteigenden Entwicklung befinden. Schwarmstimmung darf aber noch nicht aufgekommen sein.

Erstellung der Pflegevölker (Finisher)

Die Rolle der Pflegevölker ist es, die im Anbrüter oder Starter angebrüteten Königinnenlarven weiter zu pflegen und schließlich die Weiselzellen zu verdeckeln. Dabei ist zu beachten, dass die Qualität der künftigen Stockmütter von der optimalen Pflege der Maden abhängt. Das Pflegevolk muss in höchster Pflegebereitschaft sein. Grundsätzlich sollten nur Pflegevölker zum Einsatz kommen, die frei von Krankheiten sind. Die Pflegevölker müssen, wie alle anderen Völker, die sich im Zuchtprogramm befinden, im Dezem-

Vertikaler Finisher (Pflegevolk)

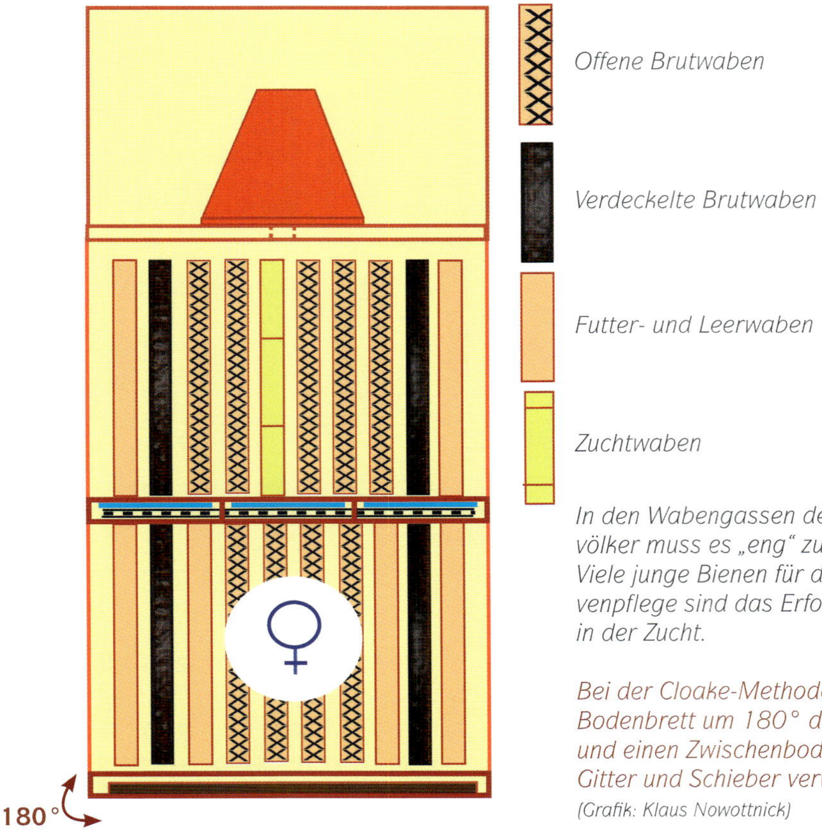

In den Wabengassen der Pflegevölker muss es „eng" zugehen. Viele junge Bienen für die Larvenpflege sind das Erfolgsrezept in der Zucht.

Bei der Cloake-Methode das Bodenbrett um 180° drehen und einen Zwischenboden mit Gitter und Schieber verwenden.

(Grafik: Klaus Nowottnick)

ber des Vorjahres varroabehandelt worden sein, damit zum Zuchtbeginn möglichst wenig Milben im Volk sind. Allerdings darf die Behandlung nicht während der Zuchtarbeit stattfinden, sondern sie sollte rechtzeitig vorher durchgeführt worden sein. Das Ziel, zu Beginn der Pflegezeit extrem starke Völker zu besitzen, kann man durch die Bereitstellung von zwei Bruträumen erreichen. Im Magazinbetrieb ist das ohnehin gängige Praxis bzw. hängt man zumindest Brutwaben von unten in den oberen Raum über das Absperrgitter, wenn im weiselrichtigen Volk gepflegt werden soll. Dazu später mehr.

Hinsichtlich der Zellenpflege gibt es oft Unterschiede bei den ausgewählten Völkern. Manche pflegen die zugesetzten Zellen besser und andere wiederum schlechter. Man weiß, dass mit der *Apis m. mellifera* eine Aufzucht weitaus schwieriger ist als mit anderen Rassen. Ideal zur Aufzucht von Königinnen sind z. B. die Italiener-Bienen oder die Kreuzungsprodukte zwischen Italiener- und Kaukasier-Biene. Das Risiko einer

Horizontaler Finisher (Pflegevolk)

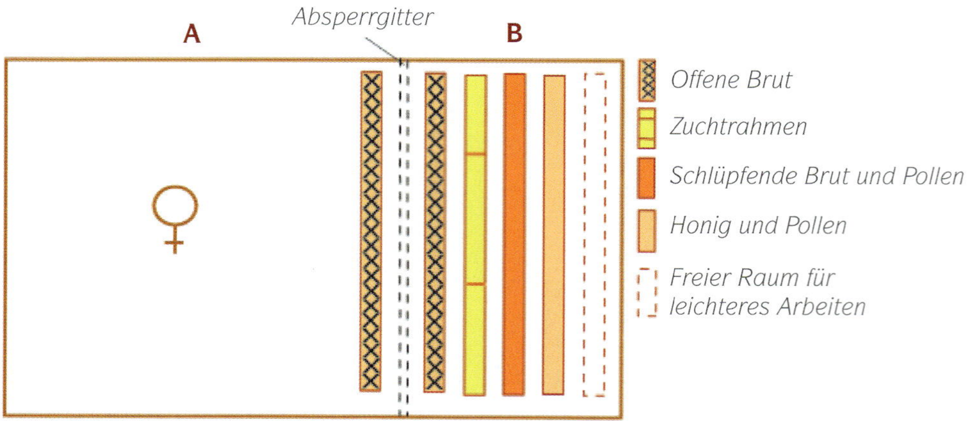

Pflegevolk, 2-zargig
Pflege der Zellen im Pflegevolk:

- *Offene Brut auf drei bis vier Waben kommt in den Honigraum.*
- *Der Zuchtrahmen wird zwischen die Waben mit offener Brut gehängt.*
- *Fütterung bei fehlender oder schwacher Tracht*

(Grafik: Klaus Nowottnick)

„genetischen Verunreinigung“ durch ausfliegende Drohnen kann man verhindern, indem man zwischen dem Bodenbrett und der ersten Einheit ein Rundstabgitter aus Metall einlegt, das die Drohnen am Ausflug hindert und zusätzlich die Drohnenproduktion des Volkes so gut wie möglich unterdrückt. Was immer auch die Wahl sein sollte, es ist von fundamentaler Bedeutung, dass man Pflegevölker besitzt, die übervoll mit Bienen sind.

Dadurch können auch mehr Zellen in optimale Pflege genommen werden, was wiederum zu bestem Königinnenmaterial führt. Wenn die Pflegevölker zum Zuchtbeginn noch nicht diesen hohen Entwicklungsgrad aufweisen, dann hat man versäumt, sie vorher entsprechend durch Futtergaben zu reizen. Um in einem solchen Fall dennoch das Volk zu verwenden, empfiehlt sich das Zuhängen von Waben mit schlüpfender Brut zur Verstärkung.

Pflege im weiselrichtigen Volk

Sind die Zellen im Starter bzw. Anbrüter innerhalb von 24 Stunden angebrütet worden, kommen sie in die weisellose Zarge des Pflegevolkes (Finisher). Dort bleiben sie bis unmittelbar vor dem Schlupf. Man schützt sie vorher durch geeignete Käfige, damit keine eventuell früher schlüpfende Königin Schaden anrichten kann, indem sie ihre noch in den Zellen sitzenden Schwestern tötet und damit die gesamte Zuchtserie vernichtet. Außerdem ist der Schutz der Zellen auch wichtig, um Verbauungen an den Weiselzellen durch die Bienen zu verhindern. Diese müssen sonst mit viel Aufwand von ihren Wachsbauten befreit werden, was häufig auch zu beschädigten Zellen und damit verlorenen Königinnen führt, mal ganz abgesehen von dem hohen Zeitaufwand, der dafür benötigt wird. Man kann die Zellen nach der Verdeckelung entnehmen und in einen Brutschrank bringen,

Innenausstattung eines horizontalen Finishers (Pflegevolk)

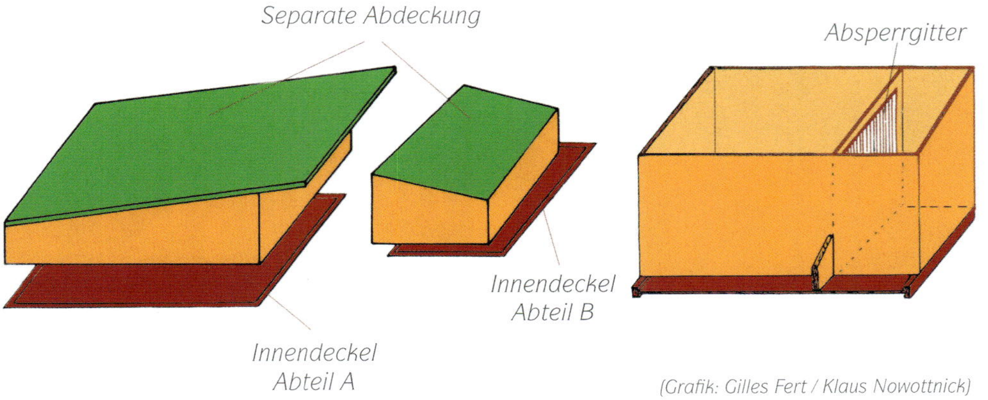

(Grafik: Gilles Fert / Klaus Nowottnick)

wo sie schließlich ebenfalls in Schutzkäfigen schlüpfen können.

Für die Pflege der Zellen können sowohl vertikale, horizontale, einfache und doppelte Pflegevölker verwendet werden. Das Prinzip ist in jedem Fall das gleiche, denn schlupfreife Brutwaben müssen oder sollten bei jeder Form eines Pflegevolkes jede Woche hinzugehängt werden. Dieses Zuchtverfahren im weiselrichtigen Volk hat auch seine Tücken, abhängig von den Jahreszeiten in unserem Klima. Die Zellen werden meist nur von Juni bis Anfang Juli angenommen.

Das horizontale Pflegevolk

Der horizontale Finisher ist für eine einfache Handhabung während der Umlarvarbeit entwickelt worden. Es ist außerdem das System, das von den meisten Züchtern eingesetzt wird. Dazu gehört ein sehr starkes weiselrichtiges

Nachschau im horizontalen Finisher
(Fotos: Gilles Fert)

Futtergaben werden in kleinen Portionen in die Futterkammer eines Rähmchens gefüllt.

Schlüpft eine Königin früher und sind die Zellen nicht geschützt, beißt sie die vorhandenen Zellen auf und tötet ihre darin sitzenden Schwestern. Die Zellen werden dabei meist seitlich aufgebissen, wie im Bild zu sehen ist. (Foto: Gilles Fert)

Die Weiselzellen sollten sofort mit einem Schlüpfkäfig geschützt werden. Es besteht nämlich die Gefahr des Verbauens der Zellen mit Wabenbau, wenn eine starke Tracht herrscht. Bei einigen Zellen beginnen die Bienen gerade mit dem Wabenbau. (Foto: Gilles Fert)

Die Weiselzellen müssen nach der Verdeckelung insbesondere auch deshalb geschützt werden, damit die zuerst schlüpfende Königin nicht ihre Schwestern in den Zellen tötet. Zum Schutz der Zellen gibt es verschiedene Kästchen oder Röhrchen aus Holz, Metall oder Plastik. Im Bild werden die Zellen mit Nicot-Schlüpfkäfigen geschützt. (Foto: Klaus Nowottnick)

Volk in (A) und eine weisellose Abteilung (B), die die angebrüteten Weiselzellen erhält. Maximal zwei Zuchtlatten mit jeweils etwa 15 Weiselzellen kann man hinzugeben, damit die Versorgung mit einem Maximum an Weiselfuttersaft gewährleistet ist und Qualitätsköniginnen das Endergebnis sind.

Der Grund des Umhängens von junger Brut von A nach B besteht darin, Ammenbienen in das Abteil B zu ziehen, um die künftigen Königinnen mit einem Maximum an Weiselfuttersaft zu versorgen.

Die Rähmchen werden so positioniert, als wäre es noch ein ganzes, zusammenhängendes Volk über beide Seiten hinweg, obwohl das senkrechte Absperrgitter eingesetzt ist. Die Weiselzellen bleiben 9 Tage im Pflegevolk (Finisher) bis einen Tag vor ihrem Schlupf. Sie sollten aber sicherheitshalber unmittelbar nach dem Verdeckeln durch Käfige geschützt werden, um einem verfrühten Schlupf und dem damit einhergehenden Verlust der ganzen Serie entgegenzuwirken, denn die geschlüpfte Königin tötet sofort ihre noch in den Zellen sitzenden Schwestern.

Immer wenn neue Zuchtrahmen eingehängt werden, also alle neun Tage, sollten auch Waben mit offener Brut hinzugegeben werden. Ist das Wetter nicht sonderlich gut, muss auch immer wieder etwas Futter gegeben werden, bis die Zellen verdeckelt sind. Das betrifft die ersten vier Tage nach dem Einhängen des Zuchtrahmens in den Finisher.

Das doppelt horizontale Pflegevolk

Im doppelten horizontalen Finisher ist das Umsetzen von Brut einfacher. Er besteht aus zwei sehr starken Völkern, die jeweils an den Außenseiten der Beute sitzen. In der Mitte befindet sich eine weisellose Einheit, die nach links und nach rechts zu den weiselrichtigen Völkern durch Absperrgitter abgetrennt ist.

Im doppelten Finisher kann man abwechselnd jede Woche von einem anderen Volk zwei offene Brutwaben entnehmen. Dadurch sind die benötigten Brutwaben ständig verfügbar, sogar dann, wenn einmal eine Königin ausfällt. Dank der großen Anzahl von Bienen werden außerdem schon sehr früh in der Saison Weiselzellen bester Qualität erzeugt. Man ist gut beraten, in den weiselrichtigen Abteilen Königinnen gleichen Alters zu haben, damit die Bienen des Volkes mit der älteren Königin nicht zum Volk mit der jüngeren Königin wandern. Nach Zuchtsaisonende bleibt das mittlere Abteil der Beute für die Überwinterung frei. Die beiderseits bis dahin eingesetzten Absperrgitter werden durch Trennschiede ersetzt und damit bienendicht verschlossen.

Das vertikale Pflegevolk

Mit dem vertikalen Pflegevolk lassen sich bei Bedarf mehrere Serien an Königinnen ziehen. Pflegevölker müssen generell brutfreudig und

Im oberen Raum des mit Absperrgitter abgetrennten zweistöckigen Pflegevolkes wurden zwei Rahmen mit angebrüteten Zellen dazugehängt.
(Foto: Klaus Nowottnick)

stark sein. Ein solches Volk sollte deshalb auf zwei oder drei Zargen sitzen und diese dicht belagern. Eigene Erfahrungen zeigen, dass das Zusammendrängen auf einen Brutraum hochwirksam ist. Die Zarge über dem Absperrgitter wird mit 5–6 Waben offener Brut in der Mitte und links und rechts davon mit jeweils einer verdeckelten Brutwabe gefüllt. In der Mitte verbleibt der freie Raum für den Zuchtrahmen. Nach 3 bis 6 Stunden wird der Zuchtrahmen eingehängt. Das muss vorsichtig geschehen, weil die freigelassene Wabengasse inzwischen dicht mit Pflegebienen gefüllt ist. Herrscht keine

Doppelter horizontaler Finisher (Pflegevolk)

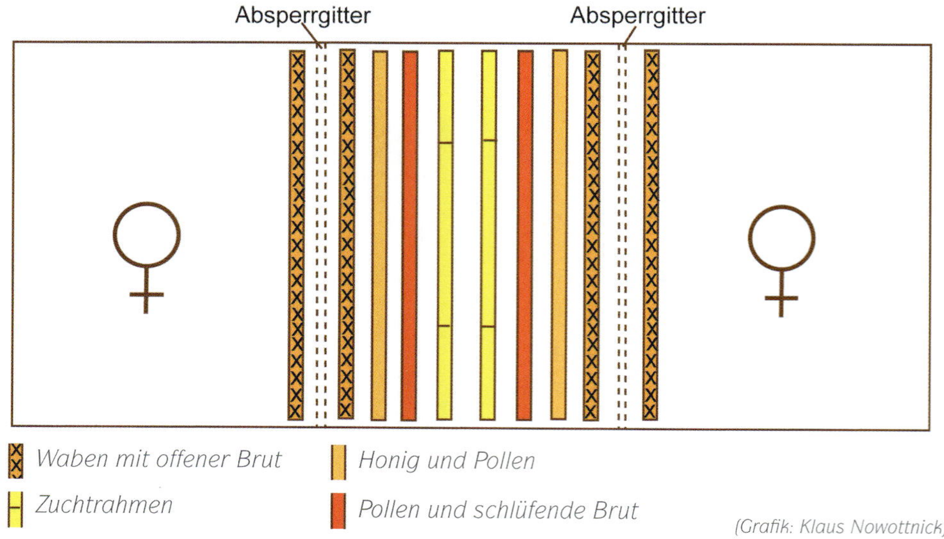

(Grafik: Klaus Nowottnick)

Alle Zellen des Zuchtrahmens wurden erfolgreich angebrütet.
(Foto: Gilles Fert)

Tracht, muss die Königinnenaufzucht mit kleinen Futtergaben von oben unterstützt werden. Analog kann man auch mit drei Räumen arbeiten. Im unteren Raum unterhalb des Absperrgitters befindet sich die Königin. Darüber über dem Absperrgitter befindet sich eine Zarge mit Futterwaben. Die Pflege erfolgt in der dritten Einheit. Sobald die Zellen verdeckelt sind, was meist nach weiteren 5 bis 6 Tagen der Fall ist, werden diese durch Käfige geschützt und entweder in den Honigraum eines anderen Volkes oder in einen Brutschrank gebracht, wo sie schlüpfen können. Im Pflegevolk werden wieder Waben mit offener Brut nach oben gebracht und ein neuer Zuchtrahmen eingehängt.

Die Arbeit mit dem vertikalen Pflegevolk ist etwas anstrengender, weil beim Umsetzen von bienenfreien Waben mit junger Brut von unten nach oben jeweils die obere bzw. die oberen Zargen abgehoben und wieder aufgesetzt werden müssen. Dabei muss darauf geachtet werden, dass die Königin nicht auf den Waben oder dem Absperrgitter sitzt. Man entnimmt die Wabe oder die Waben mit viel junger Brut und schüttelt oder fegt die Bienen vorsichtig in die untere Zarge ab. Ab und zu sollte auch das Absperrgitter auf Verbiegungen untersucht werden, denn die leichteste Deformation könnte ein Durchgang für die Königin sein und damit das Ende der Zuchtserie bedeuten. Manchmal scheint es, als ob die Zellen an den Enden des Zuchtrahmens nicht so gut oder gar nicht gepflegt werden. Das ist ein Zeichen der nächtlichen Abkühlung und kommt vor, wenn zu wenig Bienen in der oberen Zarge sind. Für die Aufzucht von Königinnen ist das katastrophal. In diesem Fall hätte man das Pflegevolk durch Zugabe von Waben mit schlüpfender Brut aus anderen Völkern verstärken sollen.

Eine Weiterentwicklung dieser Methode ist die Cloake-Methode. Der wesentliche Vorteil im Vergleich zum vertikalen Pflegevolk ist die vollständige Weisellosigkeit, wenn der Zuchtrahmen in das Volk eingehängt wird. Im Unterschied zum vertikalen Pflegevolk, bei welchem die Weiselzellen zuvor in einem Starter angezogen werden müssen, ist hier ein Volk zuerst Starter (durch Schieber getrennt) und dann Pflegevolk (durch Königinnenabsperrgitter getrennt). Das erspart einem, einen Starter zu erstellen und Weiselzellen zu transferieren. Allerdings benötigt man dafür einen eigens dafür angefertigten Zwischenboden bestehend aus einem Holzkranz, einem Königinnenabsperrgitter, einem Metallschieber und einem Einflugloch. Zusätzlich ist die Methode wesentlich aufwändiger als mit dem normalen vertikalen Pflegevolk. Einen Tag vor dem Einhängen des Zuchträhmchens hebt man beide Zargen ab, dreht das Bodenbrett um 180°, sodass es auf der Rückseite des Volkes liegt, und setzt beide Zargen, getrennt durch ein Zwischenbodenbrett, wieder auf das Bodenbrett. Wie beim vertikalen Pflegevolk, muss sich die Königin unter dem Absperrgitter befinden und es müssen einige offene und verdeckelte Brutwaben in die Zarge über das Absperrgitter gehängt werden. Gleichzeitig wird das um 180° gedrehte Flugloch verschlossen, sodass die Bienen nur mehr über das Flugloch des Zwischenbodens ein- und ausfliegen können. Am nächsten Tag wird das Flugloch wieder geöffnet, der Metallschieber über das Königinnenabsperrgitter geschoben und das Zuchträhmchen eingehängt. Zwei Tage später entfernt man den Schieber und dreht das Flugloch wieder in seine ursprüngliche Position. Nach weiteren fünf Tagen kann man die verdeckelten Weiselzellen entnehmen und in einem Brutschrank ausbrüten lassen.

Pflege im weisellosen Volk

Etwa um 1568 veröffentlichte der schlesische Imker NICKEL JAKOB seine Beobachtungen,

Verstärkung durch aus Brutwaben schlüpfende Bienen.
(Foto: Gilles Fert)

Starken Völkern werden Brutwaben für die Verstärkung der Pflegevölker entnommen.
(Foto: Gilles Fert)

dass ein weiselloses Volk mit Eiern und junger Brut Königinnen aufziehen kann.

Im alten Griechenland vergrößerten die Imker ihren Völkerbestand durch einfaches Umsetzen von ein paar Waben eines Volkes in eine neue Beute (J. WORTHINGTON, 1871). Die weisellosen Arbeitsbienen errichteten dann Weiselzellen auf Arbeiterinnenbrut. Viele der heute noch angewandten Methoden mit dem weisellosen Volk sind auf diese Grundtechnik zurückzuführen. Während der Schwarmzeit oder mit Beginn einer Nektartracht entnimmt man die alte Königin und das Volk errichtet umgehend Weiselzellen. Nach etwa 10 Tagen Weisellosigkeit schneidet man sorgfältig alle errichteten Weiselzellen bis auf eine aus. Alternativ gibt man dem Volk einen Zuchtrahmen mit zuchtwürdigen jungen Laven.

Aufzucht mit 9 Tage abgesperrter Königin in der Hinterbehandlungsbeute

In Imkereien, in denen noch mit Hinterbehandlungsbeuten gearbeitet wird, eignet sich dieses Verfahren vorzüglich. Die Königin wird dazu 9 Tage vor Zuchtbeginn im Honigraum abgesperrt. Dazu wird die Königin mit ihrer Brutwabe aus dem Brutraum entnommen und beiseite gestellt. Anschließend entnimmt man die Waben aus dem Honigraum und fegt sie im Brutraum ab. Die vorübergehend weggestellte Wabe mit der Königin wird anschließend gemeinsam mit vier Leerwaben über das Absperrgitter in den Honigraum gestellt. Der restliche Raum wird durch ein Schied und Isoliermatten aufgefüllt. Nach weiteren 9 Tagen ist die Brut im Brutraum verdeckelt und das Volk wird durch Wegnahme der Königin entweiselt. Da die Königin im oberen Raum untergebracht

Überprüfung einer Zuchtlatte mit reifen Weiselzellen, bevor sie verschult werden.
(Foto: Klaus Nowottnick)

Das Schützen der reifen Weiselzellen ist ein wichtiger Termin in der Zucht, der kaum Spielraum bietet.
(Foto: Klaus Nowottnick)

war, kann es vorkommen, dass im Brutraum Weiselzellen geschaffen wurden. Es empfiehlt sich deshalb eine Kontrolle und gegebenenfalls das Ausbrechen der Zellen. Um Pflegebienen im Zentrum des Brutraumes zu binden, entfernt man eine möglichst brutleere Wabe aus dem Brutraum, rückt die verbliebenen Waben nach außen und schafft in der Mitte den Platz für eine Brutwabe mit jungen Larven aus dem Honigraum, wo die Königin abgesperrt war. Die Königin und die anderen Waben aus dem Honigraum kommen in eine leere Beute oder einen Ablegerkasten und können mit Brutwaben aus anderen Völkern verstärkt werden.

Der Honigraum wird durch einen Zwischenboden oder Schied vom Brutraum abgeschlossen. Dieser Zwischenboden sollte eine Öffnung besitzen, damit die Bienen das Futter auf der darüber stehenden Futtereinrichtung aufnehmen können.

Nach sechs Stunden oder auch später erhält das Pflegevolk den Zuchtrahmen mit dem Zuchtstoff. Dazu tauscht man den zuvor im Zentrum platzierten Rahmen mit den jungen Larven gegen den Zuchtrahmen aus. Die ansitzenden Pflegebienen werden ins Volk gekehrt, die ausgezogenen Weiselnäpfchen auf dem entnommenen Rähmchen entfernt und die Wabe einem anderen Volk zugegeben.

Von nun an erhält das Pflegevolk flüssiges Futter von oben. Empfehlenswert ist eine dünne Honiglösung, aber es reicht auch invertiertes Flüssigfutter oder Zuckerlösung. Die Fütterung wird bis zum Verdeckeln der Zellen fortgesetzt.

Verwendung natürlicher Weiselzellen, ohne die Königin zu suchen

Die Suche nach der Königin kann manchmal zu Problemen führen, insbesondere in starken Völkern, wo die Waben und Wabengassen dicht mit Bienen gefüllt sind, und bei schlechten Witterungsverhältnissen, bei denen auch die Trachtbienen in der Beute sind, weil sie nicht ausfliegen können und aggressiver sind. Unter diesen Umständen kann man, um den Eigenbedarf an Königinnen für eine kleinere Imkerei zu decken, die so genannte BENTLEY-Methode anwenden.

Dazu werden sechs Waben mit Brut jeden Alters aus einem stark entwickelten Volk ent-

Mit Nicot-Schlüpfkäfigen gesicherte Weiselzellen
(Foto: Klaus Nowottnick)

Vielfach wird in kleineren Imkereien noch mit Wachsweiselnäpfchen gearbeitet, die an Holzstopfen angelötet wurden. Die daran errichteten Weiselzellen werden in ...

nommen und in eine leere Beute gegeben. An jede Seite des Brutwabenblocks werden je eine Honig- und eine Pollenwabe gehängt. Abhängig vom Fassungsvermögen der Beute wird der restliche Raum mit Mittelwänden aufgefüllt. Dieser Kasten wird unter ein starkes Volk gestellt. Zwischen beide Zargen kommt ein Innendeckel, damit die Bienen beider Völker keinen Kontakt haben können. Zwischen das obere Volk und den Innendeckel schiebt man einen kleinen Keil, um für das obere Volk ein eigenes Flugloch zu haben. Dort, wo im Innendeckel bereits ein Flugloch vorhanden ist, erübrigt sich der Keil. Nach 12 Tagen sollte das untere Volk mehrere Weiselzellen besitzen. Es wird entfernt und auf einem anderen Platz aufgestellt. Das Volk, das seine Königin behielt, kommt an seinen Originalstandort zurück. Nun kann man die Weiselzellen auf bereits vorher entweiselte Völker aufteilen (R. BENTLEY, 1960). Variationen dieser Methode gibt es mehrere, z. B. kann man den Innendeckel gegen ein oder zwei Absperrgitter austauschen oder, wie es F. G. RAUCHFUSS (1921) schon vorschlug, einfach ein Stück Absperrgitter auf dem Futterloch im Innendeckel befestigen.

Weiselzellenpflege bis zum Schlupftermin

Nachdem die Bienen die Deckel der Königinnenzellen fertig gestellt haben, ist auch die vorangegangene Pflege der Larven beendet.

In der Folgezeit benötigen die verdeckelten Zellen mit ihrem Inhalt Ruhe. Besonders wichtig ist die Einhaltung der richtigen Temperatur und der Luftfeuchtigkeit, dafür sorgen in der Regel die Bienen. Vor dem fälligen Schlupf der Königinnen müssen diese gesichert werden, denn sonst würde die zuerst geschlüpfte Königin die anderen Zellen aufbeißen und die anderen Königinnen töten. Deshalb verschult man die Zellen, indem sie gekäfigt werden.

Königinnen benötigen bekanntermaßen 16–17 Tage für ihre Entwicklung. Zu zwei Terminen sind die insitzenden Königinnen weniger empfindlich, das ist kurz nach dem Verdeckeln und nach der letzten Häutung der Puppe in den

… Schlüpfkäfigen untergebracht. Zuvor wird am Boden des Kästchens ein haselnussgroßes Stück Futterteig platziert.
(Foto: Klaus Nowottnick)

Die verschulten Zellen in Holzkäfigen kommen zurück ins Pflegevolk, wo die Königinnen schließlich schlüpfen können.
(Foto: Klaus Nowottnick)

letzten zwei Tagen vor dem Schlupftermin der Fall. Eingriffe mit den Zellen sollten zu dieser Zeit vermieden werden. Der frühe Termin hat einen bedeutenden Vorteil, weil in dem Fall die Zellen durch eine Tracht nicht mehr verbaut werden. Zudem fällt das Ausbeißen der Zellen bei schlechtem Wetter weg. Sollten zu dem avisierten Termin noch einige Zellen unverdeckelt sein, verschult man diese am folgenden Tag oder zum Schlupftermin.

Verschulen der Zellen

Neun Tage nach Eiablage sind die Weiselzellen reif und müssen geschützt werden. Wenn die Zellen allerdings zur Beweiselung von Ablegern Verwendung finden sollen, entfällt diese Aufgabe. Die Einhaltung des Verschulungstermins ist sehr wichtig, um zu verhindern, dass sich die schlüpfenden Jungköniginnen gegenseitig bekämpfen und töten. Deshalb werden sie in so genannten Schlupfkäfigen untergebracht. Man nennt diesen Vorgang, wie oben schon erwähnt, auch Verschulen. Früher waren es meist Käfige aus Holz, in die man den Stopfen mit Zelle steckte. Die eine Seite des Käfigs ist mit einer Plastikfolie und die andere mit einem Lüftungsgitter versehen. Heute werden überwiegend Zuchtsysteme verwendet und die Zellen werden mit aufgesteckten Plastikröhrchen geschützt.

Ganz gleich welcher Bauart der Käfig ist und ob er im Volk verbleibt oder in den Brutschrank kommt, muss in jeden Käfig vorher ein etwa erbsengroßes Stück Honigfutterteig platziert werden, damit die Königinnen nach dem Schlupf sofort Nahrung zu sich nehmen können. Der Teig darf nicht zu weich, aber auch nicht zu fest sein. Auf keinen Fall darf er kleben. Stehen die Schlupfkäfige im Volk, müssen sie durch ein feines Gitter vor direktem Kontakt zu den Bienen geschützt werden, weil die Bienen die Haftlappen der Füße der Königinnen beschädigen.

Brutschränke lohnen sich erst, wenn sehr viele Königinnen aufgezogen werden. Diese sind in unterschiedlichen Größen im Fachhandel zu haben, aber man kann sie auch selbst herstellen, muss dabei aber beachten, dass die Regulierung der Temperatur und der Luftfeuchtigkeit exakt erfolgt.

Brutschränke

Künstlicher Brutschrank

In Imkereien, die viele Königinnen erzeugen, ist ein Brutschrank sehr hilfreich. Es gibt heute eine Vielzahl von Herstellern dieser Schränke mit unterschiedlicher Kapazität. Geschickte Imker bauen sich diese Schränke auch selbst.

Im Brutschrank ist die Kontrolle der schlüpfenden Königinnen wesentlich einfacher und überschaubar. Wichtig ist die Temperaturüberwachung. Die Temperatur im Brutschrank soll 35 °C betragen mit einer Toleranz von ± 1 °C.

Ab dem 5. Tag nach dem Umlarven und bis vor ihrem Schlupf am 11. Tag können die Weiselzellen im Brutschrank weiter reifen. Die relative Luftfeuchtigkeit muss bei 75 % liegen. Immer mehr französische Züchterkollegen entnehmen ihre Zellen sechs Tage nach dem Umlarven und lassen die Königinnen im Brutschrank schlüpfen.

Diese Methode passt gut zu unserem launenhaften Wetter und macht es möglich, die Königinnen vor der Einweiselung in die Begattungskästchen zu zeichnen. Die Einweiselung muss innerhalb der ersten vier Lebenstage erfolgen.

Trotz allen Bemühens von imkerlicher Seite nehmen Völker eine unbegattete Königin oft nicht an. Vergleichsweise dazu akzeptieren sie leichter eine reife Weiselzelle, aus der die neue Königin im Volk schlüpft.

Weil eine Königin, wenn sie nicht unmittelbar nach dem Schlüpfen Zucker zu sich nehmen kann, sehr schnell verhungert, erhält jeder Käfig einige Tropfen Honig. Soll die Königin vorläufig im Brutschrank verbleiben, muss die Temperatur auf 27 °C eingestellt werden.

Ein Brutschrank lässt sich ohne großen Aufwand aus einem alten Kühlschrank herstellen. Eine 40-W-Lampe sollte im unteren Bereich eingebaut und in deren Nähe eine Schale mit Wasser aufgestellt werden, damit auch die notwendige Luftfeuchtigkeit durch Verdunstung des Wassers gegeben ist. Ein empfindlicher Thermostat ermöglicht die Regulierung der Innentemperatur auf das Optimum.

Die Beute als natürlicher Brutschrank

Bei den meisten britischen Kollegen und auch bei Bruder Adam wurde großer Wert darauf gelegt, dass die Weiselzellen bis zum Ende ihrer Entwicklung in Kontakt mit den Arbeitsbienen bleiben. Das ist auch der Grund, warum der künstliche Brutschrank nur Zellen erhält, die einen Tag vor dem Schlupf stehen, also am 9. Tag nach dem Umlarven. Sobald die Weiselzellen verdeckelt sind, werden etwa 9 Zuchtlatten, die in Rähmchen befestigt sind, in jeweils ein Pflegevolk zurückgegeben. Dieses Brutschrank-Volk arbeitet wie ein Pflegevolk. Alles, was getan werden muss, ist nur die Überprüfung der Population, diese muss groß genug sein, um das richtige Klima in dem weisellosen Teil der Beute zu halten.

Dieser Form der Zuchtarbeit muss eine straffe Planung vorausgegangen sein, denn ein einziger Fehler im Zeitablauf kann zur Zerstörung aller Zellen führen.

Während der Arbeiten ist immer darauf zu achten, dass die Zellen nicht beschädigt oder unterkühlt werden, und sie müssen zwischen dem siebenten und neunten Tag nach dem Umlarven durch einen Käfig geschützt werden.

In dieser Zeit sind die Weiselzellen nicht so besonders empfindlich, denn die junge Larve hat ihren Kokon gesponnen und hängt nun an der „Decke" der Zelle. Unvorsichtig behandelte (Erschütterung) oder unterkühlte Zellen ergeben Königinnen mit deformierten Beinen und Flügeln.

Die Weiselzellen sind 11 Tage alt und werden nun als reif bezeichnet. Sie können jetzt im Brutschrank untergebracht werden.
(Foto: Gilles Fert)

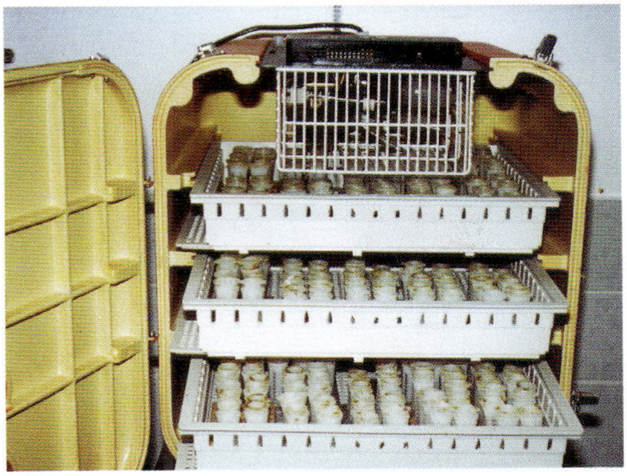

Brutschrank mit gekäfigten Weiselkäfigen
(Foto: unbekannt)

Ein alter Kühlschrank wurde zu einem Brutschrank für Weiselzellen umgebaut
(Foto: Gilles Fert)

Der Schutz der Königinnenzellen ist sehr wichtig. Schlüpft eine einzige Königin, tötet sie Ihre Schwestern in den geschlossenen Zellen.
(Foto: Gilles Fert)

Ein kleiner Brutschrank mit Schlüpfkäfigen, den sich ein Züchter selbst gefertigt hat.
(Foto: Klaus Nowottnick)

Das Pflegevolk ist der beste Brutschrank, weil es den künftigen Königinnen optimale und natürliche Verhältnisse bietet.
(Foto: Gilles Fert)

Um festzustellen, ob die Königinnen in den Zellen am Leben sind, hält man sie zur Überprüfung gegen die Sonne oder eine künstliche Lichtquelle (+ 10 oder 11 Tage). Dazu dreht man die Zuchtlatte um 180° nach unten, so dass die Zellspitzen nach oben zeigen, und hält die Zellen gegen das Licht. Wenn man am Ende der Zuchtlatte leicht anklopft und sich dabei der Schatten der künftigen Königin bewegt, ist das ein Zeichen, dass sie lebt.

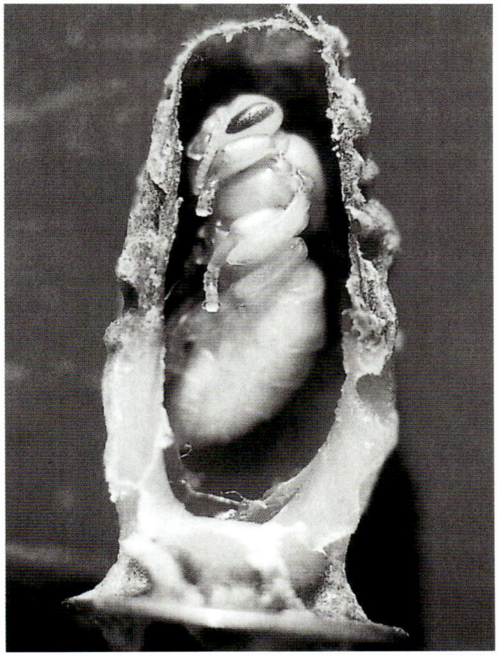

Schnitt durch eine verdeckelte Weiselzelle.
(Foto: Gilles Fert)

Eine Biene füttert die Larve mit Gelée Royale.
(Foto: Gilles Fert)

Zeichnen der Königinnen

Das Zeichnen von Königinnen sollte auch in der kleinsten Imkerei vollzogen werden. Gezeichnet wird in den Farben Weiß, Gelb, Rot, Grün, Blau in jährlich wechselnder Folge, um anschließend wieder bei Weiß zu beginnen. Da sich die Zeichenfarben im fünfjährigen Rhythmus wiederholen, ist bei Kontrollen leicht erkennbar, wie alt die Königin ist. Zudem gestaltet sich die Suche der Königin im Volk einfacher als bei einer ungezeichneten Königin. Insbesondere in starken Wirtschaftsvölkern ist es sehr schwer, eine ungezeichnete Königin zu finden. Oft stellt sich erst nach mehrmaligem Aufnehmen der Waben der Erfolg ein. Das ist für das Volk eine grobe Störung, die sich in Unruhe und teilweise auch Angriffslust widerspiegelt. Für den Imker bedeutet das Stress und einen hohen Zeitaufwand.

Beim Zeichnen hat man außerdem die Möglichkeit, die Königin auf körperliche Defekte zu überprüfen. Kann man solche körperlichen Schäden feststellen, ist es auch ein Leichtes, die Königin aus einer Weiterverwendung auszuschließen. Reinzüchter zeichnen ihre Königinnen vor der Begattung mit nummerierten Opalith-Plättchen. Nummer, Farbe und die weiteren Daten der Königin werden im Zuchtbuch und auf der Karte vermerkt. Imker, die nur Standbegattung betreiben, können die Königinnen auch nach der Begattung zeichnen. Das geschieht meist dann, wenn sich die junge Königin in Eiablage befindet.

Im Laufe der Jahre haben sich unterschiedliche Zeichenmethoden entwickelt. Am bekanntesten sind die am meisten verwendeten Opalith-Plättchen. Der Fachhandel bietet darüber hinaus auch Farbstifte an, mit denen man schnell und mit geringem Aufwand einen Farbtupfer auf dem Rückenschild der Königin anbringen kann. Weil die Königin beim Zeichnen auf diese Art keine Nummer erhält, sind solche Königinnen nicht für die Reinzuchtpaarung geeignet, weil ihre Registrierung und Dokumentierung nicht möglich ist. Dagegen eignet sich das Verfahren hervorragend für die Zeichnung von Nachschaffungsköniginnen. Ein Nachteil der Markierung mit einem Farbstift ist jedoch, dass die Farbe leider mit der Zeit abgescheuert

Eine ungezeichnete Königin ist in einem starken Volk weniger leicht aufzufinden wie eine mit einem Farbzeichen – zum Beispiel mit Opalith-Plättchen – versehene Stockmutter.
(Fotos: Klaus Nowottnick)

Ein Glasfläschchen mit Zeichenleim, wie er auch im Handel erhältlich ist (Fotos: Klaus Nowottnick)

Zum Zeichnen der Königin eignet sich auch ein handelsüblicher Superkleber. (Foto: Martin Kärcher)

wird und in manchen Fällen nach einiger Zeit kein Farbrest mehr auf der Königin zu sehen ist.

Das Zeichnen mit farbigen Plättchen ist etwas aufwändiger, da zuerst der Klebstoff auf den Rückenschild aufgebracht werden muss und dann das Plättchen. Dieses muss mittig sitzen. Das erfordert etwas Übung.

Der Klebstoff

Den Klebstoff für das Zeichnen der Königinnen erhält man bei jedem Fachhändler für Imkereiprodukte.

Ich habe anfangs einmal erlebt, als ich im Jahr darauf wieder Königinnen zeichnen wollte, dass der Klebstoff im Glasröhrchen inzwischen eingetrocknet war.

Solchem Missgeschick vorbeugend, ist es wichtig, rechtzeitig vor Zuchtbeginn zu kontrollieren, ob alle Geräte und Hilfsmittel einsatzbereit sind. Wenn sich aus dieser Kontrolle ein Bedarf ergibt, kann man diesen beim Händler decken.

Zeichnen aus der Hand

Routinierte Imker fassen die Königin mit Daumen und Zeigefinger einfach am Brustteil, so dass sie Hinterleib, Beine und Flügel bewegen kann.

Die Farbblättchen werden mit einer umgekehrt in einem Holzgriff steckenden Stecknadel aufgebracht. Zuerst gibt man mit einem zweiten Gerät vorgenannter Bauart einen kleinen Tropfen Leim auf den Rückenschild und anschließend wird das Plättchen aufgesetzt. Der Spiritus als Lösungsmittel des Klebstoffes verflüchtigt sich schnell und das Plättchen sitzt dann fest auf dem Rückenschild. Erst dann kommt die Königin zurück in ihren Käfig. Während der Klebstoff einige Sekunden benötigt, um zu trocknen, bietet es sich an, die Spitze eines Vorderflügels zu stutzen (ca. 1/3 der Flügellänge).

Ähnlich gestaltet sich das Zeichnen der Königinnen mit dem Farbstift.

Zeichnen einer Königin in der Hand mit Farbstift.

Zeichnen einer Königin mit Farbplättchen. Vielfach wird zum Auftragen des Klebstoffes und des Plättchens ein Streichholz ...

... verwendet. Vor Aufsetzen des Plättchens feuchtet man das Streichholz mit der Zunge etwas an, damit anschließend das Plättchen daran haften bleibt.

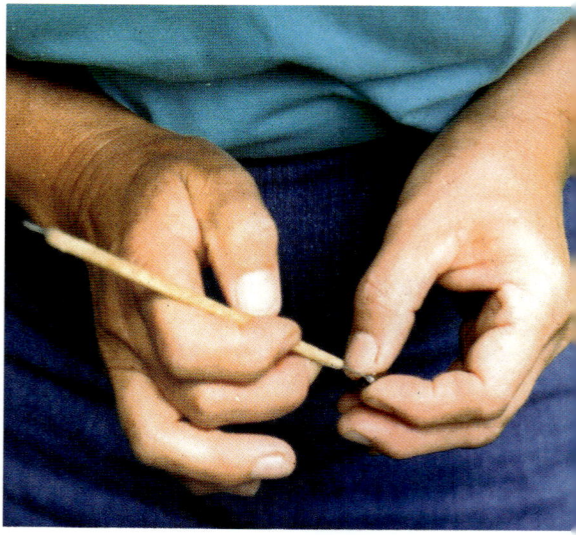

Eine Imkerin beim Zeichnen einer Königin aus aer Hand. Die Königin wird dabei mit der linken Hand zwischen Daumen und Zeigefinger am Bruststück gehalten und mit der rechten Hand gezeichnet. (Fotos: Gilles Fert)

Zeichnen unter Netz

Das Zeichnen der Königinnen unter einem Netz wird wahrscheinlich am häufigsten praktiziert, denn man braucht die Königin dabei nicht in die Hand zu nehmen und ist damit frei von der Befürchtung, sie zu verletzen. Die im Abfangrohr sitzende Königin lässt man unter das Netz laufen und drückt sie sanft gegen das Netz, so dass der Rückenschild offen in einer Masche liegt. Nun kann man ganz nach Belieben entweder Plättchen aufkleben oder einen Farbtupfer anbringen. Anschließend dreht man schnell das Netz um und stülpt es erneut über die Königin. Durch den höheren Rand auf der Gegenseite, kann sich die Königin frei bewegen, bis der Klebstoff trocken ist. Man kann die Königin auch gleich wieder in das Abfangrohr einlaufen lassen.

Farbwahl nach Jahresendungen

- Die Farbe **Blau** für Jahre, die auf **5** oder **0** enden
- Die Farbe **Weiß** für Jahre, die auf **1** oder **6** enden
- Die Farbe **Gelb** für Jahre, die auf **2** oder **7** enden
- Die Farbe **Rot** für Jahre, die auf **3** oder **8** enden
- Die Farbe **Grün** für Jahre, die auf **4** oder **9** enden

Anwender von Brutschränken zeichnen ihre jungfräulichen Königinnen oft bereits unmittelbar nach deren Geburt.

Das scheint aber nicht angebracht, weil z. B. die Zeichenplättchen oft während des Begattungsfluges verlorengehen, da während der Begattung die junge Königin große Teile ihrer Behaarung auf dem Rücken verliert, auf denen das Blättchen haftet. Außerdem erschwert ein Plättchen der Königin das Fliegen Wer seine Königinnen auf Reinzuchtbelegstellen bringt, muss zuvor seine noch unbegatteten Königinnen zeichnen. Für die kurze Zeit bis zur Markierung mit einem Plättchen eignet sich ein kleiner Farbtupfer mit einem Farbstift am besten.

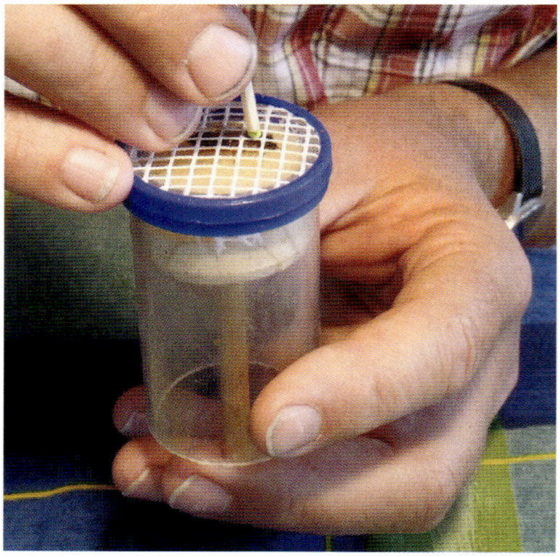

Beliebt sind auch Zeichenrohre mit Schieber. Die Königin wird mit dem Schieber sanft in Richtung Zeichennetz gedrückt. Nun wird zuerst der Leim und anschließend das Plättchen aufgebracht. Die Königin verbleibt noch eine kurze Zeit im Zeichenrohr, damit der Klebstoff abbinden kann.

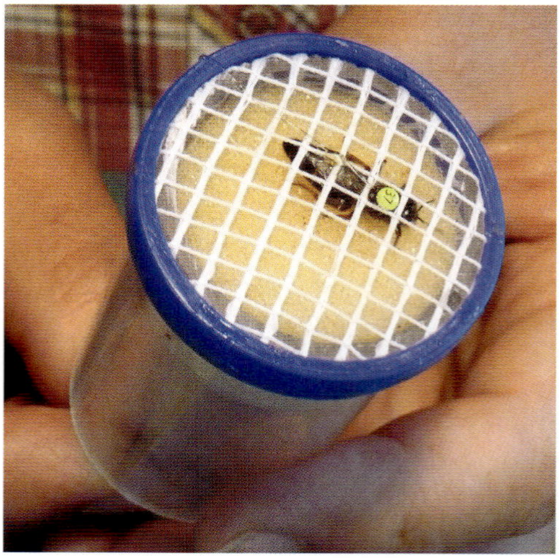

Beim Zeichnen ist es wichtig, sowohl den Klebstoff wie auch das Opalithplättchen zentral auf den Rückenschild zu platzieren. Ansonsten könnte sowohl der Klebstoff wie auch das Plättchen für die Königin eine Behinderung sein.

(Fotos: Herbert Wölfle)

Zeichnen einer Königin unter einem Netz

(Foto: Klaus Nowottnick)

Begattung der Königinnen

Nach dem Schlupf der Königinnen müssen sie noch begattet werden. Dazu stellt sich die Wahl der Begattung, die als Standbegattung, auf einer Landbelegstelle, einer Inselbelegstelle oder durch die instrumentelle Besamung erfolgen kann. Wer keine reine Paarung benötigt, kann seine Königinnen auch auf dem eigenen Stand begatten lassen (= Standbegattungen). F1-Königinnen überzeugen in der Regel durch hohe Leistungen. Zudem kann man die Königinnenzelle bereits einem Ableger zuhängen. Imker, die auf Reinzucht ausgerichtet sind, bevorzugen die Inselbelegstellen oder die instrumentelle Besamung. Bei beiden Begattungsarten wird eine hohe Paarungskontrolle erreicht.

Die Paarung der Bienenkönigin ist eine biologische Besonderheit. Es finden sich in allen Berichten auch viele Vermutungen, denn man kann sie kaum bei der Paarung beobachten. Zwar hat man in Testversuchen mit Königinnenködern das Flugmanöver der Drohnen beobachten und dokumentieren können, aber ein ungestellter Begattungsakt konnte noch nicht gefilmt oder fotografiert werden.

Zum Auffinden von Drohnensammelplätzen benutzt man Ballons, an denen in einer Reuse als Köder ein Schwämmchen mit Königinnenpheromon befestigt ist. Damit ist es auch möglich, die Drohnendichte zu ermitteln. (Foto: Klaus Nowottnick)

Auf der Belegstelle Oberhof dürfen, wie auf den meisten deutschen Reinzuchtbelegstellen, nur Begattungsvölkchen in EWKs aufgestellt werden, um die Drohnenfreiheit und die späterere Eiablage im EWK rasch kontrollieren zu können. (Foto: Klaus Nowottnick)

Inzwischen weiß man, dass es so genannte Drohnensammelplätze gibt, die von Drohnen aus allen Richtungen bevölkert werden. Die junge, begattungsbereite Königin strebt diese Drohnensammelplätze an. Das geschieht etwa fünf bis acht Tage nach ihrer Geburt. Sehr oft drängen sie die Arbeitsbienen dazu. Die Paarung erfolgt in Höhen von bis zu 30 m auf den Drohnensammelplätzen. Die Drohnensammelplätze, die alljährlich immer wieder aufs Neue von den Drohnen und der Königin angesteuert werden, haben dauerhaft Bestand. Wie diese Plätze immer wieder aufgesucht werden, ist bis heute nicht bekannt.

Man geht heute davon aus, dass eine Königin von bis zu zwanzig Drohnen begattet wird. Diese sterben unmittelbar bei der Paarung. Ist die Spermatheka der Königin gefüllt, verlässt sie nach der Paarung nie wieder die Beute – mit einer Ausnahme, wenn das Volk schwärmt. Die Gebrüder Friedrich und Hans Ruttner konnten nachweisen, dass sich die Drohnen während ihrer Paarungsflüge nicht gleichmäßig ausbreiten. Dagegen fand man Plätze, wo eine hohe Dichte an Drohnen vorgefunden wurde, die dem Ballon mit der Königin folgten. Diese Sammelplätze der Drohnen nennt man Drohnensammelplätze. Der Flugton der Drohnen ist sehr gut zu vernehmen. Wenn man den Ballon mit der Königin aus dem Sammelplatz herausbewegte, blieben auch die Drohnen zurück. Gleiches gilt für die Flughöhe der Drohnen, die sich zwischen 20 und 40 m bewegt. Königinnen, die man auf einer Höhe von 5 m platzierte, wurden von den Drohnen wieder verlassen. Sowohl die Drohnen als auch die Königinnen finden in kürzester Zeit, manchmal in wenigen Minuten, die Drohnensammelplätze. Warum die Drohnen

Die Königin wird im Flug von einem Drohn begattet. (Foto: Eric Tournet)

Schutzkästchen auf der Carnica-Reinzuchtbelegstelle in Oberhof/Thüringen
(Foto: Klaus Nowottnick)

Eine Belegstelle in Mexiko
(Foto: Gilles Fert)

solche Drohnensammelplätze über Zeiträume von 30 Jahren und darüber hinaus immer wieder ansteuern, ist faszinierend, aber noch nicht durchgehend erklärbar. Zwar nimmt man an, dass Geländeabschnitte dafür ursächlich sein können, aber das ist noch nicht erwiesen.

Ein züchterischer Fortschritt ist nur über die kontrollierte Paarung mit einem leistungsgeprüften und merkmalsuntersuchten Vater möglich (= Vatervolk). Dessen Merkmale werden über die Drohnen seiner Töchter weitergegeben (= Drohnenvölker einer Belegstelle). Der Idealfall für die kontrollierte natürliche Begattung der Königinnen sind Inselbelegstellen oder Hochgebirgsbelegstellen.

Die erste deutsche Belegstelle befindet sich in Gehlberg in Thüringen. Sie entstand 1910. Heute ist sie eine Toleranzbelegstelle. Danach folgten viele neue Belegstellen.

ENOCH ZANDER war Wissenschaftler und forcierte den Belegstellenausbau. Zur damaligen Zeit ging man davon aus, dass eine Königin nur einmal von einem Drohn begattet wird. Deshalb stellte man auch auf den Belegstellen immer nur ein Drohnenvolk auf. Auch der Radius von ca. 2 km um die Belegstelle wurde damals als ausreichend eingeschätzt. Heute wissen wir, dass eine Belegstelle mindestens einen bienenfreien Umkreis von 10 km besitzen muss oder die Völker anderer Imker ebenfalls Tochterköniginnen des Vatervolkes der Belegstellenvölker enthalten müssen.

Eine sichere Begattung von Königinnen ist auf Inselbelegstellen gewährleistet. Achtung: Inseln, die bei Ebbe nicht von anderen Inseln oder dem Festland getrennt sind, sind nicht sicher. Diese Inseln müssen mindestens 3 km vom Festland entfernt sein. Vor der ostfriesischen Küste sind das die Inseln Borkum, Juist, Norderney, Langeoog, Wangerooge, Spiekeroog und die Hamburger Hallig vor der nordfriesischen Küste. Die Inseln werden Jahr für Jahr mit ungefähr 12.000 Königinnen beschickt. In der Regel sind es Linienbelegstellen. Die Sicherheit einer Landbelegstelle ist nicht absolut zuverlässig, trotz bienenfreien Umkreises. Sie wird deshalb meist überschätzt.

Deutlich unsicherer ist die bereits erwähnte Landbelegstelle, in deren Radius von 8 bis 10 km versucht wird, alle Völker entsprechend dem Zuchtprogrammm umzuweiseln, damit dort die richtigen Drohnen vorhanden sind. Dennoch gibt es keine absolute Sicherheit, was den Radius angeht, und auch die vollkommene Kontrolle aller umliegenden Völker auf das richtige Bienenmaterial ist fast unmöglich. Wenn zum Beispiel einige Imker eine Mitarbeit ablehnen und die Umweiselung nicht zustande kommt, kann das Zuchtprogramm nicht, wie vorgesehen, durchgeführt werden. Einige Züchter nutzen im Gebirge Täler mit natürlichen Hindernissen und einer Höhe von über 1.500 m. Auf dieser Art von Belegstellen kann eine kontrollierte Paarung erfolgen.

Aber nur die künstliche Besamung erlaubt die komplette Kontrolle der Paarung, vorausgesetzt der Züchter hält die Drohnen in Volieren

Sklenar-Hochgebirgsbelegstelle Scarl/Schweiz
(Foto: Hans Stöckli)

oder zeichnet sie mit einem Farbstift. Während Belegstellen auf Inseln mindestens 3 km vom Festland entfernt sein und einen Schutzradius von 10 km aufweisen müssen, um eine sichere Anpaarung zu gewährleisten, gibt es dort dennoch häufig andere Probleme, wie z. B. starke Winde, kühles und regnerisches Wetter usw., die alle dazu beitragen, dass das Begattungsergebnis nicht immer den Erwartungen entspricht.

So wie alle Plätze, an welchen Bienen aufgestellt werden, muss auch eine Belegstelle möglichst mit dem Auto erreichbar sein. Eine windgeschützte Lage und ein Maximum an Nektar- und Pollenspendern in der Umgebung sind sehr vorteilhaft. Günstig wirkt sich auch eine halbschattige Aufstellung der Begattungseinheiten aus, weil insbesondere Begattungsvölkchen in Einwabenkästchen bei Überhitzung leicht ausziehen.

Die Begattung der Königinnen findet bei windstillem Wetter statt, wenn die Temperaturen mindestens um 20 °C liegen und der Himmel klar ist. Die Tatsache, dass manche Königinnen von schlechter Qualität sind, lässt sich vermutlich durch einen Schlechtwettereinbruch erklären, der die Königin von ihrem normalen Verhalten beim Begattungsflug abhält. Da sich die Königin einmal auf einem von mehreren Hochzeitsflügen während ihrer kurzen Brunstzeit mit ca. 10–20 Drohnen paart, ist eine kurzzeitige Schlechtwetterperiode kompensierbar. Nach der Begattung befindet sich in ihrer Samenblase ein Spermienvorrat für den Zeitraum ihres Lebens, der meist zwischen 2 und 5 Jahren liegt. BÖTTCHER (1967) schreibt, dass sich Königinnen und Drohnen in 2 bis 7 km Entfernung von ihren Völkern in ca. 30 m Höhe paaren, abhängig von den klimatischen Bedingungen.

Wahl der Begattungskästen

Begattungsableger

Ableger für die Begattung von Königinnen zu verwenden, wird fast ausnahmslos nur von Nebenerwerbs- oder Freizeitimkern praktiziert. Der wirkliche Königinnenzüchter wird dagegen kleinere Begattungseinheiten auswählen, weil bei Verwendung von Ablegern viele Waben, Brut und Bienen benötigt werden, die eine Wirtschaftlichkeit der Königinnenzucht in Frage stellen. Der Freizeitimker, der nur wenige Königinnen aufziehen will und diese auf seinem Stand begatten lässt und der vielleicht auch das Ziel verfolgt, seinen Völkerbestand zu vergrößern, wird diese Möglichkeit der Königinnenbegattung für die geeignete empfinden.

Für die Standbegattung eignen sich Begattungsableger hervorragend. Auf dem Gelände des Steirischen Imkerzentrums in Graz arbeitet man teilweise mit solchen Einheiten.
(Foto: Klaus Nowottnick)

Einige wichtige Grundregeln sind beim Aufbau eines kleinen Volkes für die Königinnenbegattung zu beachten. Ablegerkästen mit drei bis vier oder auch fünf Waben eignen sich sehr gut dazu. Eine Wabe sollte etwas Wasser, die andere Futter und ein bis zwei Waben sollten verdeckelte, kurz vor dem Schlupf stehende Brut besitzen. Als erstes werden ausreichend Bienen aller Altersgruppen benötigt, welche die zugesetzte Weiselzelle konstant zu wärmen vermögen und die Königin nach dem Schlupf optimal mit Futter versorgen können. Zweitens ist es genauso wichtig, dass im Ableger ausreichend Futter- und Pollenvorräte vorhanden sind, damit die Ammenbienen die Königin gut versorgen und damit die Entwicklung des Volkes sichern können. Die Waben müssen von den ansitzenden Bienen dicht besetzt sein. Wichtig ist, dass sich keine offene Brut auf den Waben befindet, damit die Bienen dort keine Zellen

Auch Mini-Plus-Beuten setzen die Züchter des Steirischen Imkerzentrums gerne für die Standbegattung ein.

Im Zuchtbetrieb Thaler in Sarntheim/Südtirol werden für die Standbegattung viele kleine Begattungseinheiten verwendet. In einer Beute befinden sich vier Abteile mit Begattungsvölkchen, von denen jedes eine andere Ausflugsrichtung hat.

(Fotos: Klaus Nowottnick)

errichten. In der Folgezeit müssen die Ableger immer wieder gefüttert werden. In welcher Weise das geschieht, hängt von der Konstruktion des Kastens ab. Am besten eignet sich die Gabe von Futterteig.

Ablegerkästen haben große Vorteile gegenüber den kleinen Begattungskästchen, weil wegen des deutlich größeren Volumens für die junge Königin ausreichend Zellen zum Legen verfügbar sind, weil in einem größeren Volk eher die optimale Temperatur gehalten werden kann und weil ein größeres Volk mehr Futter einlagern kann und weniger Gefahr läuft zu verhungern. Aus einem Ableger lässt sich bei entsprechender Pflege sogar ein Volk für die Überwinterung aufbauen.

Ablegerkasten nach Pfefferle

Kästen mit vier Rahmen in der Bauweise des Ruck-Zuck-Kastens von Karl Pfefferle sind geeignete Beuten für Ableger. Dieser Kasten besitzt unten ein mit Schied verschließbares Lüftungsgitter, seitlich ein Absperrgitter, das mit einen Schied austausch- und verschließbar ist. Dort kann eine Schütte angebracht werden, in die man Bienen für die Befüllung abkehren kann. Die im Kasten unerwünschten Drohnen und gegebenenfalls die Königin bleiben am Absperrgitter zurück. Letztere wird dem Volk wieder zurückgegeben. Im Deckel befindet sich die Futterkammer und eine Bohrung, in die man auch die Weiselzelle stecken kann. Man kann sie aber auch wie bei anderen Ablegerkästen in eine Wabengasse hängen.

Der 4-Wabenablegerkasten erhält als erstes an den Außenseiten eine Mittelwand und eine ausgebaute Leerwabe. Wenn keine Tracht herrscht, wird statt der Leerwabe eine Futterwabe gegeben.

Der Ablegerkasten wird anschließend mit zwei Waben verdeckelter Brut und den ansitzenden Bienen aufgefüllt. Außerdem fegt man noch die Pflegebienen einer offenen Brutwabe hinzu. Bei all diesen Arbeiten muss darauf geachtet werden, dass die Königin nicht mit in den Ableger gelangt.

(Fotos: Klaus Nowottnick)

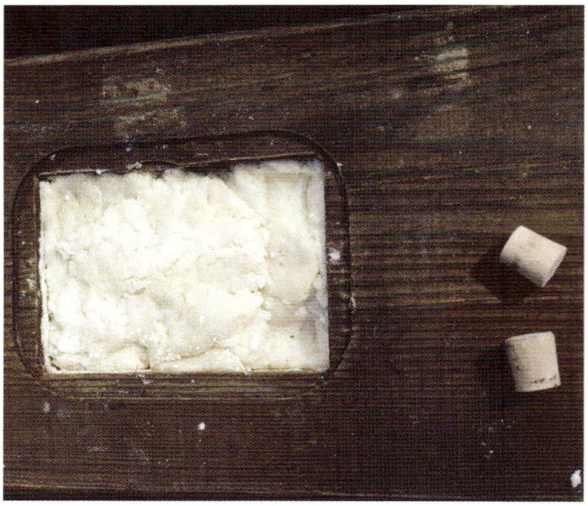

Die Futterkammer im Deckel des Kastens wird mit Futterteig gefüllt und der Ableger für 24 Stunden in einen dunklen und kühlen Raum gestellt. Am folgenden oder übernächsten Tag erhält der Ableger eine schlupfreife Weiselzelle. Für diesen Zweck sind in der Lochplatte der Futterkammer entsprechende Bohrungen angebracht worden.

(Foto: Klaus Nowottnick)

Die Ableger werden nun außerhalb des Flugradius ihrer Muttervölker aufgestellt. Werden solche Ableger im Mai gebildet, wachsen sie bei entsprechender kontinuierlicher Pflege und Fütterung zu winterstarken Einheiten auf zwei Zargen heran.

(Foto: Klaus Nowottnick)

Eine 12-Waben-Dadantbeute, die in vier Begattungsvölkchen aufgeteilt wurde. Jedes dieser Völkchen besitzt ein eigenes Flugloch in eine eigene Richtung.

Bienen lassen sich leichter herausschöpfen und verteilen, wenn sie zuvor mit Wasser angefeuchtet wurden.
(Fotos: Gilles Fert)

Besiedelung und Pflege der Ableger

Eine andere Methode, Begattungskästchen mit Bienen zu besiedeln, ähnelt der Bildung von Kunstschwärmen. Für die Besiedelung eines 5-Waben-Ablegers braucht man 0,5 bis 1,0 kg Bienen. Soweit es möglich ist, sammelt man die Bienen nach der Paketbienen-Methode zusammen. Man bestückt den Kasten mit drei bis vier Waben, gefüllt mit Honig und Pollen. Einen Teil der Wabe kann man aufkratzen, damit die Bienen gleich Futter vorfinden. Man muss allerdings darauf achten, dass keine Räuberei entstehen kann. Eine reife Weiselzelle wird in die Mitte des Ablegers auf Höhe der Futterkränze zwischen die Waben gehängt. Anschließend wird die Beute für 24 Stunden geschlossen und in einem kühlen, gut belüfteten Raum aufbewahrt. Am nächsten Tag wird der kleine Ableger auf die Belegstelle gebracht. Damit das Völkchen nicht auszieht, entfernt man den Verschluss am Flugloch erst nach ein paar Stunden. Bei warmem Wetter ist es günstig, wenn man in diesen Beuten Lüftungsgitter eingebaut hat. Später kann das kleine Völkchen durch Zugabe von Rähmchen mit schlupfreifer Brut aus anderen Völkern verstärkt werden. Ein auf diese Weise erstellter Begattungsableger kann während der Saison mehrere Königinnen zur Begattung aufnehmen. Die letzte Königin bleibt schließlich im Volk, damit es sich noch, gut mit Zucker aufgefüttert, bis zur Überwinterung weiter entwickeln kann.

Während einer Trachtpause ist das Risiko einer Räuberei sehr groß und wird oft auch noch durch eine Fütterung provoziert. Tritt durch Ausfall der Tracht und durch Aufbrauchen aller Vorräte im Ableger akuter Futtermangel auf, wird eine hochkonzentrierte Zuckerlösung über die innere Futtereinrichtung – Futterrähmchen – nach Verkleinerung des Flugloches gegeben. Es ist außerdem möglich, einen Schöpflöffel junger Bienen hinzuzugeben.

Die Zuckerpaste ist eine Art türkischer Honig und hat den Vorteil, dass sie keine Räuberei verursacht. Nach einer solchen Behandlung kommt es vor, dass die Völkchen der *A. m. mellifera* dennoch ausziehen, ganz im Gegensatz zur *A. m. ligustica*.

Die lockere Aufstellung von Begattungskästchen unterschiedlicher Farbe oder Beschaffenheit und unterschiedlicher Fluglochanordnung in einer chilenischen Imkerei erleichtert der auf dem Hochzeitsflug befindlichen Königin und auch den Arbeitsbienen die Orientierung und die Rückkehr zum heimatlichen Stock.
(Foto: Gilles Fert)

Aufstellung der Ableger

Nachdem die Ableger mit Bienen und Königin besiedelt sind, werden sie, wie oben schon erwähnt, außerhalb des bisherigen Flugradius aufgestellt. Damit bannt man die Gefahr der Räuberei und der Rückkehr von Bienen ins Muttervolk, die den Ableger schwächen würden. Die Umsetzung geschieht nach Einstellung oder vor Beginn des Fluges entweder am Abend oder am zeitigen Morgen.

Zweckmäßig ist eine Aufstellung der Ableger in der Form, dass die Fluglöcher abwechselnd in die entgegengesetzte Richtung zeigen. Eine Blockaufstellung sollte man generell sehr locker halten oder gar vermeiden. Eine unterschiedliche Kennzeichnung der Beuten ist für die Orientierung der Königin, aber auch der Bienen sinnvoll. Als Orientierungspunkte dienen nicht nur farbliche Unterschiede. Eine bessere Orientierung haben die Bienen nämlich, wenn man z. B. Steine oder Aststücke auf die Dächer der Ablegerkästen legt.

Manche Imker bevorzugen die Aufstellung der Ablegerkästen in einer Art „Schlachtformation", dazu möglichst unter Bäumen und Sträuchern, damit die heimkehrenden Königinnen eine Orientierung haben, um ihre Beuten wiederzufinden. Manchmal sind geometrische Zeichen oder unterschiedliche Farben von Nutzen.

Im Kreis aufgestellte Begattungsableger in der Imkerei Fert

Eine der effektivsten Aufstellungsformen ist der Kreis, der aus zehn Begattungsvölkchen gebildet wird, deren Fluglöcher in das Innere des Kreises zeigen.

Amerikanische Züchter haben festgestellt, dass Königinnen aus sehr kleinen Begattungskästchen erst später begattet wurden als solche aus größeren Begattungsvölkern. Auch der Begattungserfolg lag bei kleinen Begattungskästchen nur bei 60 bis 70 %. Durch die Verwendung von größeren Begattungskästchen konnten die Ausfälle auf ein Drittel reduziert werden. Die dazu verwendeten Ablegerkästen können mit Halb- oder Viertelrähmchen des Standmaßes ausgestattet werden. Das macht es einfacher, wenn man später alles zu einer ganzen Zarge des Standmaßes zusammenstellen will. Aufgrund der wenigen Bienen in kleinen Kästen findet man allerdings die Königin schneller und der Futterverbrauch ist geringer. Man kann sie deshalb mit geringerem Aufwand erhalten, aber die Arbeit mit ihnen verlangt mehr Fingerspitzengefühl. Deshalb ist der 5-Waben-Ableger empfehlenswerter für diesen Zweck. Um größere Mengen an Königinnen zu züchten, kann man eine Magazinzarge nehmen, die in mehrere kleine Abteile – meist vier –

Magazinzarge, die in vier kleine Räume abgeteilt wurde und als Begattungseinheit dient

Ein spezieller Zuschnitt an der Oberleiste der Rähmchen ermöglicht das Zusammenstecken von zwei kleinen Rähmchen zu einem Rahmen im Standmaß.

(Foto: Gilles Fert)

abgetrennt wird, mit einem Flugloch auf jeder Seite. Die Verwendung von normalen Rähmchen hat den Vorteil, dass man nach Entnahme der Trennwände kleine Völkchen vereinigen und auch überwintern kann.

Bei diesem System können normale Rähmchen in zwei kleine geteilt werden. Der Vorteil ist, dass man durch Zusammenstecken der Rähmchen vieler Begattungsvölkchen große Völker für die Überwinterung schaffen kann.

Einwabenkästchen (EWK)

Soll die Begattung der Königinnen auf einer anerkannten Reinzuchtbelegstelle erfolgen, dann sind in Deutschland meist die Einwabenkästchen (EWK) vorgeschrieben. Sie eignen sich gut für den Transport, auch über weite Strecken. Man kann sie wegen der beidseitigen Verglasung schnell auf Drohnenfreiheit kontrollieren und ebenso später feststellen, ob die Königin erfolgreich begattet wurde und sich in Eiablage befindet. Allerdings sind solche kleinen Völker einem enormen Stress ausgesetzt und müssen regelmäßig gefüttert werden, um nicht zu verhungern. Nicht selten trifft man bei ihnen die Nosema an, die als Darmerkrankung zur Vernichtung dieser kleinen Begattungseinheiten führt.

Es gibt eine Vielzahl an Varianten von solchen EWKs, darunter auch so genannte Mini-EWK. Letztere sind für die Bienen noch belastender und sollten besser nicht verwendet werden. Die sachgemäße Besiedelung dieser kleinen Kästchen ist sehr wichtig für den angestrebten Erfolg bei der Begattung. Man bildet

Die auf der Belegstelle Oberhof angelieferten EWK werden vom Belegstellenleiter Thomas Reps auf Drohnenfreiheit kontrolliert.
(Foto: Klaus Nowottnick)

EWK im 1/3 DNM

(nach: Tiesler/Englert)

Nach dem Anbringen des Mittelwandstreifens wird die Futterkammer des EWK mit Futterteig aufgefüllt und zusätzlich ein hühnereigroßes Stück Futterteig auf den Boden der EWKs gelegt. *(Foto: Herbert Wölfle)*

die Begattungsvölkchen, nachdem die Königinnen geschlüpft sind, ganz gleich ob im Volk oder im Brutschrank. Zuvor werden sie noch auf ihre Unversehrtheit geprüft und dann farbig gezeichnet.

Die EWKs müssen vor einer erneuten Verwendung gründlich gereinigt und wieder trocken sein. Zuerst wird in das kleine Rähmchen, meist ⅓ DNM oder beim System Zander ½ Zander, ein 2 bis 3 cm breiter Mittelwandstreifen eingelötet oder am Oberträger angegossen. Die Futterkammer wird mit Futterteig gefüllt. Man kann sowohl den handelsüblichen wie auch selbstgefertigten Futterteig verwenden. Letzterer wird im Verhältnis 1:3 (Honig : Puderzucker) hergestellt. Der Futterteig darf keinesfalls zu weich oder zu klebrig sein. Er würde sonst auslaufen und das Begattungsvölkchen vernichten. Es hat sich daher bewährt, den im Handel erhältlichen Futterteig zu verwenden und ihn gegebenenfalls, wenn er zu nass ist, mit Staubzucker zu einem Teig zu verkneten, der die richtige Feuchtigkeit aufweist. Bei neuen EWKs besteht die Gefahr, dass das Holz des EWK dem Futterteig Feuchtigkeit entzieht. Das lässt sich verhindern, wenn man den Futterraum mit Kelterlack oder noch einfacher mit Bienenwachs abdichtet. Um den Bienen die Futteraufnahme zu gewährleisten, muss in der Futterkammer unmittelbar hinter der Durchgangsbohrung ein kleiner Freiraum vorhanden sein. Denn ohne ausreichende Futteraufnahme

Junge Bienen sind der Garant einer guten Königinnenannahme und -pflege. Diese erhält man, wenn man offene Brutwaben aus den Völkern nimmt, eine gekäfigte Königin mit Begleitbienen und Zuckerteig in den Marburger Felglingskasten hängt, das Lüftungsgitter des Deckels verschließt und die ansitzenden Bienen in den Trog vor dem Gitter des Marburger Feglingskastens abfegt. Dabei ist es wichtig, das Absperrgitter eingelegt zu haben, damit nicht versehentlich die Königin mit in den Marburger Feglingskasten gerät. (Foto: Herbert Wölfle)

sind die Bienen nicht in der Lage, die kleine Wabe auszubauen. Zur Hilfestellung kann man den Bienen zusätzlich eine kleine Futterteigkugel auf den Boden legen.

Besiedelung der EWK

Der Fluglochschieber des EWK wird beim Befüllen auf die Lüftungsposition eingestellt und die hintere Glasscheibe eingesetzt. Die EWKs werden entweder flach aufgelegt oder etwas schräg aufgestellt. Ich nutze dafür gerne eine Gartenbank, wo sie auch nicht wegrutschen können, oder eine ebene Unterlage.

Voraussetzung für eine erfolgreiche Königinnenpflege und -begattung ist die Befüllung der EWKs mit jungen und vitalen Bienen. Pro EWK benötigt man zwischen 200 und 250 cm³ Bienen.

Mit Bienen aus dem Pflegevolk

Es gibt eine geteilte Meinung hinsichtlich der Auflösung eines Pflegevolkes für die EWK-Besiedelung, weil Pflegevölker in der Regel von den Züchtern für die Aufzucht mehrerer Serien verwendet werden. Kommt dennoch ein Pflegevolk in die Auswahl, müssen zuerst einmal die alten Bienen von den jungen getrennt werden.

Das kann man durch Umsetzung der Beute auf einen anderen Platz auf dem Grundstück erreichen. Die Flugbienen fliegen zurück in einen eigens dafür aufgestellten Auffangableger und die jungen Bienen verbleiben in der Beute. Die Königin fängt man heraus und lässt sie im Auffangableger über das Flugloch zulaufen. Das nutzbare Bienengemisch in der Beute ist nun nicht älter als 21 Tage und eignet sich sehr gut für die Besiedelung der EWK.

Durch Schröpfen der Wirtschaftsvölker

Um keine Schwarmstimmung in den Völkern aufkommen zu lassen, nimmt man ihnen den Bienenüberschuss durch Schröpfen und verwendet diese Bienen für die Befüllung der EWKs. Dabei spielt es keine Rolle, ob die Bienen aus einem oder mehreren Völkern stammen. Die Völker dürfen sich aber keinesfalls in einer Schwarmstimmung befinden, sonst ist alle Mühe vergebens. Man lässt die Flugbienen abfliegen und fegt die jungen Bienen entweder mit Hilfe eines Trichters in einen Kunstschwarmkasten, dessen Inhalt anschließend noch einmal gesiebt werden muss, oder man verwendet für das Befüllen einer kleineren Anzahl an Kästchen einen Marburger Feglingskasten mit Absperrgitter, um Drohnen und gegebenenfalls die vorher übersehene Königin zurückzuhalten. In den EWKs, die auf Reinzuchtbelegstellen aufgestellt werden, darf sich kein Drohn befinden!

Wer viele EWKs mit Bienen besiedeln muss und mit Magazinen arbeitet, stelllt eine Zarge mit untergelegtem Gitterboden auf. Darauf kommt der Innendeckel mit Loch im Zentrum und darauf der Trichter. Die untergestellte großvolumige Zarge gestattet das Abfegen von vielen Bienen. Anschließend wird der Innendeckel abgenommen und gegen ein Absperrgitter ausgetauscht. Auf das Absperrgitter wird eine leere Zarge gestellt, in die innen eine gekäfigte Königin gehängt wird. Abschließend wird dort der Deckel aufgelegt. Die Bienen steigen durch das Absperrgitter in den oberen Raum und sammeln sich als Traube um die Königin. Unterhalb des Absperrgitters verbleiben die unerwünschten Drohnen und die vielleicht beim Abkehren nicht gefundene Königin. Die Zarge mit der Bienentraube wird dann auf den Boden gestellt.

Einfüllen der Bienen in die EWKs

Damit beim Befüllen nicht so viele Bienen abfliegen, verwendet man gerne einen Wasserzerstäuber, um die Bienen vorher anzufeuchten. Die EWKs werden zur Besiedelung waagerecht oder schräg in einer Reihe auf eine Unterlage gelegt. Die obere Glasscheibe wird entfernt und davorgelegt. Die zuvor mit dem Wasserzerstäuber in der Zarge befeuchteten Bienen füllt man nun mit einer 1/4 Liter fassenden Schöpfkelle in die EWKs. Ich verwende eine Kelle aus Aluminium, die sich problemlos eckig formen lässt. Das hat den Vorteil, dass man auch die Bienen aus den Kastenecken aufnehmen und einfüllen kann. Danach wird das EWK mit der Glasscheibe geschlossen und senkrecht aufgestellt.

Königinnen zugeben

Nach dem Einfüllen der Bienen werden die EWKs in einem nicht zu warmen und dunklen Raum abgestellt. Bereits nach kurzer Zeit (1–2 Stunden) tritt die Weiselunruhe in den EWKs ein. Das ist der Zeitpunkt, die Königinnen zuzusetzen. Besteht der Inhalt der EWKs aus Jungbienen, kann man die Königin problemlos über das Flugloch in das EWK einlaufen lassen. Wurde sie vorher kurz in warmes Wasser getaucht, dann rennt sie nicht hinein und wird von den Bienen eher akzeptiert. Das kann man alles durch die Glasscheiben beobachten.

Mehrwabenkästchen

Begattungskästchen mit mehreren Waben sind bei den Imkern sehr beliebt, weil sie wärme-

Die Bienen werden mit einem Wasserzerstäuber angefeuchtet. Sie lassen sich anschließend komfortabler in die EWKs füllen. Außerdem ist ihnen die Flugtauglichkeit damit genommen worden, was die Arbeit wesentlich erleichtert. Mit einer Schöpfkelle werden die Bienen in das EWK gefüllt und dieses mit der Glasscheibe verschlossen.

(Foto: Herbert Wölfle)

Nach der Rückkehr der EWK von der Belegstelle wird sogleich nachgeschaut, ob die Königin begattet ist und Brut angelegt hat.
(Foto: Herbert Wölfle)

technisch und bienenbiologisch besser sind. Inzwischen gibt es auf dem Markt die unterschiedlichsten Modelle an Mehrwabenkästen, die meist aus geschäumten Kunststoffen, wie z. B. Styropor usw., hergestellt sind und dadurch eine gute Isolierung sowohl gegen Kälte wie auch gegen intensive Sonnenbestrahlung besitzen. Auch preislich ist ihre Anschaffung kein Problem. Ein weiterer Vorteil ist, dass sie ohne weitere schützende Hülle an beliebigen Plätzen im Freien aufgestellt werden können. Um den Bienen die Orientierung zu erleichtern, erhalten sie oft einen bunten Anstrich und sind damit auch hübsch anzusehen.

Mini-Plus-Beuten

Da ich schon immer vorzugsweise mit Begattungsablegern und jetzt überwiegend mit den Mini-Plus-Beuten als Begattungskästchen arbeite, erübrigt sich die sonst wiederholte Neubildung von Begattungseinheiten in EWKs. Die Zargen der Mini-Plus-Beute fassen je 6 kleine Rähmchen in der halben Länge und halben Höhe des Dadant-Halbrahmens bzw. des Langstroth-2/3-Rahmens. Der Mehrwabenbau schafft für das Begattungsvölkchen biologisch wertvolle Bedingungen in Form von Wabengassen und einen ausreichenden Speicherplatz für Pollen, Honig und natürlich für die Brut. Die Kugelform des Kleinvolkes ist ebenfalls gewährt. Wärmetechnisch eignet sich dieser aus Hartstyropor hergestellte Beutentyp besonders gut für solche Kleinstvölkchen.

Um Begattungseinheiten zur rechten Zeit und in ausreichender Menge zur Verfügung zu haben, gibt es zwei Möglichkeiten. Zum einen

Mini-Plus-Beuten als Begattungseinheiten.
(Foto: Klaus Nowottnick)

kann man Kleinstvölker in diesen Beuten überwintern, wenn man sie schon rechtzeitig in der Saison darauf vorbereitet. Den überwinterten Völkchen entnimmt man zum Zuchtbeginn die Königin und verwendet sie weiter in einem Ableger, Kunstschwarm oder Wirtschaftsvolk, wenn sie den Vorstellungen entspricht. Die inzwischen bienen- und brutreichen Völkchen werden so aufgeteilt und zusammengestellt, dass jede Zarge auf einen eigenen Boden kommt. Die Waben werden gleichmäßig verteilt, jede Zarge bekommt die gleiche Anzahl von Brut- und Futterwaben. Wenn die Menge der Bienen oder der Waben nicht ausreichend ist, um alle inzwischen angepflegten Weiselzellen aufzunehmen, genügt es auch, mit 4 Waben pro Kästchen zu arbeiten. Die Warmhaltigkeit der Beuten gestattet das problemlos. Zur Vorbereitung der Kästchen gehört die Auffüllung der Futterkammer mit Futterteig. Müssen neue Begattungsvölkchen in Mini-Plus-Beuten erstellt werden, bedient man sich aus den überquellenden, aber noch nicht schwarmwilligen Völkern und holt sich dort die für die Neubildung der Völkchen benötigten Jungbienen, die man von den offenen Brutwaben abgekehrt. Aber Vorsicht! Die Königin darf nicht mit abgefegt werden. Geht man davon aus, dass für jedes zu bildende Begattungsvölkchen die Bienen von mindestens zwei, besser drei offenen Brutwaben benötigt werden, lässt sich leicht einschätzen, wie viele Bienen man abkehren muss, um die neuen Kästchen füllen zu können. Ich gehe von meiner Rähmchengröße aus, die 2/3 Langstroth beträgt.

Eine Wabe mehr oder weniger schadet nicht. Das Einfüllen geschieht mit einer Schöpfkelle. Zur Aufnahme der abgekehrten Bienen werden Marburger Feglingskästen aus Eigenbau verwendet, die an den Außenseiten ein feines Lüftungsgitter besitzen. Wenn die entsprechende Menge Bienen in diese Kästen gegeben wurde, kommen sie für ca. 24 Stunden in einen kühlen, dunklen Raum und erhalten Flüssigfutter. Da die Bienen aus unterschiedlichen Völkern kommen, sollen sie sich erst einmal aneinander gewöhnen. Am nächsten Tag werden sie für die Befüllung der neuen Begattungskästchen verwendet. Durch das Gitter werden sie mit einem Wasserzerstäuber befeuchtet.

Nach dem Stoßen des Kastens auf den Boden befinden sich die Bienen am Boden des Kastens und können auch von oben besprüht werden. Danach fliegen kaum noch welche ab und werden mit einer Schöpfkelle in die Kästchen gefüllt. Zuvor kann man eine Weiselzelle in der Wabengasse befestigen oder eine unbegattete Königin unter Futterteigverschluss im Käfig einhängen. Das Flugloch des Mini-Plus-Kästchens muss vorher natürlich verschlossen werden. Luft bekommen die Bienen durch das Gitter im Boden. Nach der Befüllung wird der Deckel aufgelegt und die Kästen kommen für drei Tage in einen kühlen und dunklen Raum.

Überwinterte Völkchen in Mini-Plus-Beuten, denen man die Königin entnommen hat und die nun ausschließlich verdeckelte Brut (wichtig: keine offene Brut!) besitzen, lassen sich am besten mit einer Königinnenzelle beweiseln, nachdem man zuvor alle Weiselzellen entfernt hat.

In die Futterabteile der Böden wurde Futterteig gefüllt.

Die Mini-Plus-Beuten sind für die Besiedelung vorbereitet. Die zweite Zarge auf den Beuten dient nur als Hilfe bei der Befüllung.

Die Bienen in den Kunstschwarmkästen werden vor der Entnahme mit einem Wasserzerstäuber durch die Gitter befeuchtet.

Durch kräftiges Aufsetzen des Kastens fallen die feuchten Bienen auf den Boden, der Deckel kann entfernt. Die Bienen werden mit der Schöpfkelle in die Mini-Plus-Beute gefüllt.

Nach den drei Tagen Kellerhaft transportiere ich die neu erstellten Kästen zu Ständen, die sich außerhalb des früheren Flugradius befinden. Die neu gebildeten Völkchen, die ausschließlich auf Mittelwänden sitzen, erhalten am Abend einen Futtertrog und etwas Flüssigfutter, damit sie zügiger bauen. Auch in den kommenden Tagen muss immer wieder etwas Flüssigfutter nachgereicht werden. Die Bienen nehmen dabei auch gleichzeitig und kontinuierlich den Futterteig von unten auf. Nach etwa 5 bis 6 Tagen öffne ich die Kästen, die mit einer Weiselzelle ausgestattet wurden, um den Zellenstöpsel zu entfernen. Ist die Zelle sauber und kreisrund an der Spitze aufgebissen, kann man davon ausgehen, dass die Königin geschlüpft und im Volk ist.

Die eingefüllten feuchten Bienen ziehen sich nach ein paar leichten Rauchstößen in die Wabengassen zurück. Dann kann die leere Zarge entfernt und eine Folie und der Deckel aufgelegt werden.

Zugabe einer reifen Weisezelle in einer Mini-Plus-Beute. Die entnommene Königin hatte bereits ein kleines Brutnest angelegt, das nach dem Schlupf zur Verstärkung des Völkchens beiträgt. (Fotos: Klaus Nowottnick)

Die neu erstellten Völkchen, die keine Weiselzelle, sondern eine junge, unbegattete Königin erhalten haben, kontrolliere ich vorsichtig auf Weiselrichtigkeit. Ist die Königin nicht zu finden, wird nachbeweiselt. Nach weiteren 10 Tagen, wenn gutes Wetter vorgeherrscht hat, werden die Völkchen auf Eiablage untersucht. Sind keine Eier zu sehen, die Königin aber vorhanden, dann hat es noch etwas Zeit. Inzwischen sind die Waben ausgebaut. Dort, wo im Randbereich noch Baubedarf besteht, tausche ich diese gegen die bereits ausgebauten Waben aus der Mitte des Kästchens aus.

Nach Begattung der Königin und deren Entfernung aus dem Völkchen erhält es erneut eine reife verdeckelte Weiselzelle.

Begattungskästchen nach KEMP

Ähnlich wie die Mini-Plus-Beute entwickelte J. KEMP aus Frankreich das Modell eines Ablegerkastens mit einem doppelten Raum. Das Material ist hochaufgeschäumtes Polystyrol, das sehr gut isoliert. Die Zarge fasst 6 Rähmchen und kann auch in Kammern mit je drei Rähmchen geteilt werden. Die Beute hat einen separaten Boden und den Vorteil, dass sie im Bedarfsfall nach Ende der Zuchtsaison mit anderen zusammengestellt werden kann. Das geht sowohl mit einer wie mit mehreren Königinnen, die wiederum durch Absperrgitter voneinander getrennt sein müssen. Viele Züchter berichten, dass die kleinen Völkchen kaum aus diesen Beuten ausziehen, was bei Holzbeuten nicht selten vorkommt. Die Beute, die der Züchter für die Begattung seiner Königinnen benötigt, muss an das örtliche Klima und die Anzahl der durchschnittlich benötigten Königinnen gebunden sein.

Kleine Völker sind wirtschaftlicher, aber sie bedürfen auch einer erhöhten Aufmerksamkeit und Erfahrung des Züchters. Sie reagieren empfindlicher auf ungünstige Witterung und Räuberei.

Begattungskästchen nach Kemp (ähnlich den Mini-Plus-Beuten) *(Foto: Gilles Fert)*

Nach Abnahme des Deckels kann man die Rähmchen erkennen, hinten den Futtertrog. *(Foto: Klaus Nowottnick)*

Apidea-Begattungskästchen

Das APIDEA-Begattungskästchen ist aus Hartschaumstoff hergestellt und deshalb wärmetechnisch ideal für die Zuchtarbeit mit kleinen Völkchen geeignet.

Die Kästchen sind schon von Herstellerseite eingefärbt. Für die Besiedelung reichen bereits 80 bis 120 g Bienen. Die Kästchen sind außen 24 cm lang, 15 cm breit und 17 cm hoch. Die Wabenfläche beträgt für die 3 Rähmchen etwa 600 cm².

Auch bei diesen kleinen Beuten ist es unproblematisch, nach Entnahme der begatteten Königin eine schlupfreife Weiselzelle hinzuzufügen.

Die Kästchen lassen sich auf diese Weise mehrfach für die Begattung von Königinnen verwenden, ohne neues Bienenmaterial bereitstellen zu müssen. Entfernt man den Futtertrog fasst das Kästchen sogar 5 Waben.

Wechselseitig aufgestellte APIDEA-Begattungskästchen. Dadurch wird ein Verfliegen der Königinnen großteils verhindert. Zusätzlich ist es jedoch ratsam, bei der Aufstellung der Kästchen einen gewissen Abstand (10–20 cm) zwischen den Kästchen zu gewährleisten und das erste und letzte Kästchen um 90° zu drehen. *(Foto: Klaus Nowottnick)*

Ein französisches Begattungskästchen in der Bauart des Kirchhainer Kästchens
(Foto: Gilles Fert)

Blick in ein geöffnetes Kirchhainer Begattungskästchen
(Foto: Klaus Nowottnick)

Kieler Begattungskästen

Das Kieler Begattungskästchen ist aus Hartschaum gefertigt. Es fasst 4 Rähmchen und einen Futtertrog. Hier kann man ebenfalls den Futtertrog gegen zwei weitere Rähmchen austauschen.

Der Deckel sitzt sehr gut und fest und das Flugloch ist durch eine drehbare Verschlussscheibe verschließ- und einstellbar.

Kirchhainer Begattungskästen

Dieses Begattungskästchen besteht ebenfalls aus hochisolierendem Schaumstoff. Die Seitenwände verlaufen von oben schräg in Richtung Boden. In dem Kästchen werden keine Rähmchen, sondern nur Oberträger eingehängt. Im Normalfall sind das 4 Stück, entfernt man allerdings die hinten eingesetzte Futterkammer, lassen sich 2 weitere Wabenträger einlegen. Die Lüftung und auch das Flugloch befinden sich am Boden des Kästchens. Bei der Konstruktion berücksichtigte man den freien Zugang des Flugloches durch die Bienen im Boden, indem das Kästchen beidseitig ausgeformte Fußleisten besitzt. Das Kästchen erfüllt seinen Zweck zur vollsten Zufriedenheit, allerdings eignet es sich nicht oder weniger gut für Transporte, weil aufgrund des Fehlens der Rähmchen die Gefahr besteht, dass die Waben abbrechen.

Flügel schneiden

Für die professionelle Zucht ist das Flügelschneiden unerlässlich, weil es immer wieder vorkommt, dass eine alte Zuchtkönigin von ihrem Volk gegen eine Tochter ausgetauscht wird (= stille Umweiselung). Hat man in so einem Fall einer mit einem Opalith-Plättchen markierten Zuchtkönigin keine Flügelspitze geschnitten, kann man von dieser Zuchtkönigin nicht mehr nachziehen, weil man nicht wissen kann, ob es sich bei der Königin um die Mutter oder um die Tochter handelt. Deshalb, und weil eine Königin auch einmal ihr Plättchen verlieren kann, raten wir dringend davon ab, auf das Schneiden einer der Flügelspitzen eines Vorderflügels zu verzichten. Hinzu kommt der positive Nebeneffekt, dass eine Königin mit einem gestutzten Flügel nicht schwärmen kann (ROOT, 1909) und oft im Gras vor den Bienenvölkern vom Züchter gefunden wird. Man hat dann weder die Königin noch die wertvolle Bienenmasse verloren. Entgegen der Vermutung einiger Imker verursacht das Flügelschneiden keinen Schmerz für die Königin, weil sich im Flügel keine Nerven befinden. Auch wird eine Königin mit einem gestutzten Flügel von den Arbeiterinnen genauso akzeptiert, wie eine Königin ohne einen gestutzten Flügel.

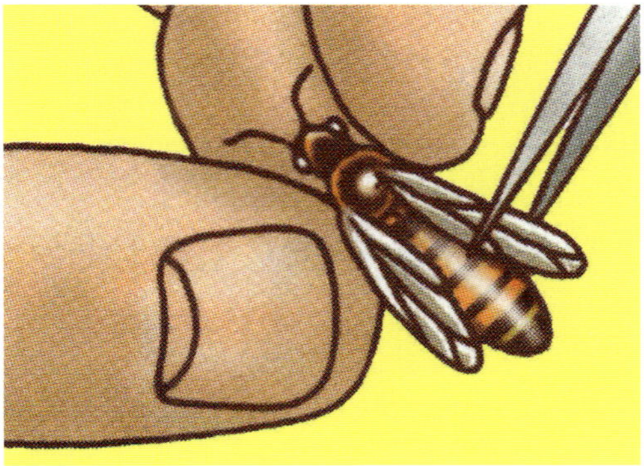

Mit einer scharfen Schere wird der eine Flügel der Königin geschnitten.

Das Stutzen des Flügels erleichtert die Unterscheidung zwischen alter und junger Königin und stellt sicher, dass die Königin nicht schwärmen kann. (Foto: Gilles Fert)

Verwendung der Königinnen

Man kann die jungen Königinnen zwar sofort nach Beginn der Eiablage aus den Begattungsvölkchen nehmen, es ist aber besser, wenn man sie erst noch einige Tage in Eiablage lässt, und noch sinnvoller ist es, sie erst dann herauszunehmen, wenn bereits verdeckelte Brut vorhanden ist, um sicher zu gehen, dass sie nicht drohnenbrütig ist. Königinnen sind sechs bis acht Tage nach dem Schlüpfen begattungsfähig. Bei Regenwetter oder zu kalten Außentemperaturen zögert sich die Begattung bis zum ersten schönen Tag hinaus. Drei bis vier Tage nach der Begattung fängt die Königin an, Eier zu legen. Die Verzögerung von der Begattung bis zur Eiablage kommt dadurch zustande, weil die Geschlechtsorgane durchschnittlich 10 Tage bis zur vollständigen Entwicklung benötigen. In dieser Zeit benötigt der Begattungsableger immer wieder verdeckelte Brutwaben.

Suchen der Königinnen

Für die Suche der Königin in einem starken Begattungsableger sind die folgenden Hinweise nützlich:

- **Die Königin sucht man am besten während guter Trachtbedingungen.** Dann sind die Flugbienen damit beschäftigt, den Nektar zu bergen, und man kann die Königin leichter auf den Waben entdecken.
- **Man sollte so wenig wie möglich mit Rauch arbeiten**, weil die Bienen sonst zu aufgeregt werden und sich die Königin an den Wänden des Begattungskastens verstecken kann.
- **Die Suche beginnt man unmittelbar im Brutnest**, wo frisch bestiftete Waben ein Anzeichen dafür sind, dass die Königin sich dort aufhält oder eben aufhielt.

Während das alles sehr theoretisch erscheint, sollten Züchter, die täglich viele Königinnen abfangen, dies aber in Erinnerung behalten. Erfahrene Imker wissen sehr gut, dass es bei den Bienen keine absoluten Festlegungen gibt. Deshalb ist es auch unmöglich zu behaupten, dass es eine verbindliche Regel gibt. Wichtig ist, dass man bei diesen Kontrollen keine Räuberei aufkommen lässt, weil das für viele der Völkchen tödlich wäre. Die Waben sollten deshalb nur so lange wie unbedingt notwendig außerhalb des Kästchens sein. Man stellt sie am besten auf einen umgedrehten Beutendeckel, damit die Königin nicht von der Wabe ins Gras fallen kann und auf diese Weise verlorengeht. Falls die Königin trotzdem zu allem Ärger und bei allen Vorkehrungen nicht gefunden werden kann, verbleibt nur noch die Möglichkeit, die Bienen des Kästchens über ein Absperrgitter zu sieben. Königinnen, die ein ungleichmäßiges und lückenhaftes Brutnest anlegen oder Bienen mit deformierten Beinen oder Flügeln erzeugen, sollten sofort entfernt werden. Man kann davon ausgehen, dass man in einer Zuchtsaison 10 bis 15 % der aufgezogenen Königinnen verwerfen muss. Falls die Königin nicht mit der Eiablage beginnt, ist sie entweder immer noch unbegattet oder krank. In diesem Fall ist es besser, wenn man sie herausfängt und tötet, sofern dies die Bienen noch nicht getan haben. Etwaige Nachschaffungszellen werden ausgebrochen und die Brutwabe eines starken Ablegers zugehängt, damit die Balance hinsichtlich Volksstärke und Alterszusammensetzung erhalten bleibt. Außerdem erhält dieser Ableger wieder eine unbegattete Königin und junge Bienen. Nach T. SZABO (1986), der eine Studie bei einer großen Anzahl kalifornischer Königinnenzüchter anstellte, die jährlich ungefähr 510.000 Königinnen züchteten, ergab sich dabei, dass aus 100 belarvten Weiselnäpfchen durchschnittlich 85 reife Weiselzellen entstan-

Königin auf einer frisch bestifteten Wabe.
(Foto: Klaus Nowottnick)

Die neue Königin lässt man durch die Öffnung des Gitterkäfigs aus Plastik auf die Wabe laufen und verschließt die Öffnung. (Foto: Gilles Fert)

den und aus diesen wiederum 51 begattete Königinnen, die in Eiablage gingen. Also eine Erfolgsquote von 60 %.

Zusetzen von Königinnen

Es gibt eine allgemeine Regel, wonach es einfacher ist, eine Königin während der Tracht zuzusetzen. Herrscht keine Tracht, so ist eine Fütterung dem Zusetzen sehr hilfreich.

Andere Überlegungen, die angestellt werden müssen, sind folgende:

- Zuerst muss gewährleistet sein, dass das zu beweiselnde Volk auch tatsächlich weisellos ist. Es darf natürlich auch keine unbegattete Königin im Volk sein.
- Den Bienen muss ausreichend Zeit und Gelegenheit gegeben werden, sich an die neue Königin zu gewöhnen. Sie selbst sollte durch ein Gitter geschützt sein, durch das sie aber den physischen Kontakt zu den Arbeitsbienen durch Abgabe ihrer königlichen Pheromone behält.

Analog verfährt man auch bei den Gitterkäfigen aus Drahtgewebe.
(Foto: Gilles Fert)

Die Königin ist in Eiablage. Im Bild zu sehen ist das Ei am Hinterleib der Königin.
(Foto: Klaus Nowottnick)

Viele Imker setzen die Königin direkt und ohne jede schützende Vorkehrung zu, falls die Eiablage nicht bereits eingestellt worden war. Das kann man auch mit unbegatteten Königinnen aus dem Brutschrank machen. Sie werden direkt einem 3 Stunden zuvor gebildeten Kunstschwarm zugegeben.

Ganz anders ist aber die Situation, wenn die Königin bereits mehrere Tage in einem Versandkäfig unterwegs war. Obwohl keine Methode perfekt ist, erfolgt die Annahme dieser Königinnen am besten nach dem Absperren auf einer Brutwabe unter einem Gitterkäfig. Dieser Gitterkäfig wird auf die Wabe gedrückt. Die Größe dieser Käfige beträgt in der Regel 10 x 8 x 1,5 cm Tiefe.

Dazu wird eine Wabe mit schlüpfender Brut ausgewählt. Nach deren Schlupf ist die Königin sofort von ihren eigenen Pflegebienen umgeben und kann in den frei werdenden Zellen mit der Eiablage beginnen. Vor dem Öffnen des Transportkäfigs empfiehlt sich ein kurzes Eintauchen in Wasser, damit die Königin angefeuchtet ist und am Abfliegen gehindert wird. Je länger sie aus der Eiablage heraus ist, desto größer ist das Risiko, dass sie wegfliegen könnte. Auf der anderen Seite ist eine voll in der Eiablage stehende Königin nahezu flugunfähig. Die Begleitbienen werden dem Volk zugesetzt und die Königin wird in den Gitterkäfig gegeben. Nach drei Tagen entfernt man das Gitter, unter dem die Königin bereits in Eiablage gegangen ist.

Zusetzen der Königin in einem Versandkäfig
(Foto: Klaus Nowottnick)

Zusetzen einer Königin in einen Ableger im Versandkäfig
(Foto: Klaus Nowottnick)

Zusetzen einer neuen Königin im Versandkäfig in einem Vollvolk (Foto: Gilles Fert)

Es gibt solche Aufsteckkäfige für die Neubeweiselung auch aus Kunststoff (Hersteller NICOT). Sie sind stabiler als die Drahtgitterkäfige und können sehr oft wiederverwendet werden.

Eine andere Methode mit einem ähnlichen Gitterkäfig gestattet der Königin, sich durch ein kleines Metallröhrchen selbst zu befreien, das sich in einer Ecke des Käfigs befindet. Die Bienen benötigen etwa 2 bis 3 Tage, bis der Futterteig, mit dem das Röhrchen gefüllt ist, aufgenommen wurde.

Den Transportkäfig kann man ebenfalls für das Zusetzen der Königin verwenden. Zuerst werden die Begleitbienen und der Verschluss am Futterabteil entfernt. Dann sticht man mit einem Nagel ein Loch von 1 bis 2 mm von außen in den Futterteig. Die Bienen helfen nun der Königin, sich zu befreien, indem sie das Futter abtragen. Im Zuge der Kontrolle auf Annahme der Königin entnimmt man auch den leeren Käfig.

Man kann auch das ganze Begattungskästchen für die Neubeweiselung der Völker zusammen mit einer Leerzarge auf ein Volk aufsetzen. Dabei muss das Flugloch des Begattungskästchens ein paar Tage „auf Schlitz" gedreht sein, damit zuerst nur die Arbeiterinnen zwischen dem Volk und dem Kästchen hin- und herwechseln können. Es ist wichtig, die alte Königin ca. sechs Stunden im Vorhinein aus dem Volk zu entfernen, damit die Arbeiterinnen bemerkt haben, dass ihr Volk weisellos ist und die neue Königin daher nicht attackieren. In Wirklichkeit ist diese Form der Königinnenerneuerung eine Vereinigung, denn das zu beweiselnde Volk erhält den gesamten Begattungsableger, mit Königin, Waben und Bienen. Europäische Imker, die jährlich nur wenige Königinnen züchten, gehen teilweise wie folgt vor: Wurde die Königin in einem starken Wirtschaftsvolk gefunden, entnimmt man dem Volk fünf Waben zur Ablegerbildung, davon

Abfangen einer begatteten Königin für den Versand (links) Geschickte und routinierte Züchter fangen die Königin und die Begleitbienen mit der Hand von der Wabe ab und lassen sie in den Versandkäfig laufen. (rechts) (Fotos: Klaus Nowottnick)

drei Brutwaben mit allen ansitzenden Bienen und zwei Waben mit Honig und Pollen, die seitlich der Brutwaben angeordnet werden. Der Ableger wird nur einige Meter vom Muttervolk aufgestellt und verliert dadurch in kürzester Zeit seine Flugbienen, die zum Heimatstock zurückfliegen. Die junge Königin wird nun direkt dem Ableger zugegeben, wo sie im Allgemeinen auch problemlos angenommen wird.

In Australien nutzen viele Imker die systematische Umweiselung durch Zugabe einer Weiselzelle in den Honigraum. Während einer starken Tracht und bei besonders sanftmütigen Bienen wird bei dieser Methode die alte Königin einfach durch die neue ersetzt. Andererseits stellten wir selbst fest, dass die Königinnen auf diese Art nicht immer angenommen werden. Abschließend muss auch erwähnt werden, dass die Nichtannahme der Königin ausgeprägter ist, wenn sie einer anderen Rasse angehört als das Volk selbst. Will man also fremdrassige Königinnen einweiseln, sollte man besonders vorsichtig sein. Dafür eignet sich immer noch am besten der Kunstschwarm, weil dort weniger alte Bienen vorkommen, die das eigentliche Problem darstellen.

Versandkäfige

Sind die Königinnen gezeichnet, werden sie entweder für die sofortige Verwendung in der eigenen Imkerei oder für den Versand in kleinen Holz- oder Kunststoffkäfigen untergebracht. Um das Überleben dieser Königinnen während des Transportes zu sichern, gibt man ihnen je 8 bis 9 und den größeren Kästchen 12 bis 15 Begleitbienen hinzu. Für größere Käfige kann man eine Brutwabe mit vielen jungen Bienen auf eine Unterlage schütteln. Sie müssen sofort mit Wasser bestäubt und so schnell wie möglich in die Versandkästen gegeben werden, auf denen dann auch umgehend die Lüftungsgitter befestigt werden, noch ehe die Bienen sich ihrer Feuchtigkeit entledigt haben.

Man kann aber auch Biene für Biene durch das Eingangsloch des bereits mit einem Gitter verschlossenen Versandkäfigs einlaufen lassen. Dabei sammelt man junge Arbeiterinnen einzeln, am besten von einer Wabe mit offenen Honigzellen, indem man die Arbeiterin an beiden Flügelpaaren gleichzeitig mit Daumen und Zeigefinger angreift.

Werden Bienenköniginnen in Käfigen verschickt, wird eines der drei Abteile mit Futterteig gefüllt. Dieses Abteil sollte während des Versandes oben sein.

Versuche von J. FRESNAYE belegen, dass Königinnen in größeren Versandkästchen mit 14 bis 15 Bienen zweimal so lange leben wie in kleineren mit nur 7 bis 8 Begleitbienen. Aus biologischer Sicht sollten die Versandkäfige sogar 30 Begleitbienen fassen, weil sie dann besser das Umfeld in diesem kleinen Käfig kontrollieren können.

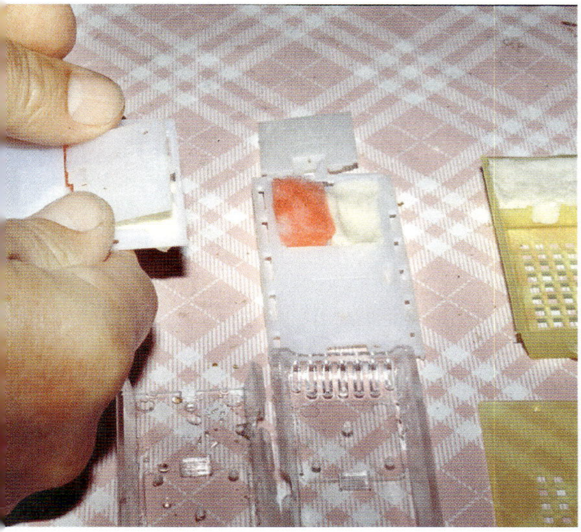

Vorbereiten der Versandkäfige. Werden Bienen über sehr lange Distanzen verschickt, eignen sich besonders solche Käfige, die ein zweites Abteil für einen Schwamm besitzen, der mit Wasser getränkt wird.
(Foto: Klaus Nowottnick)

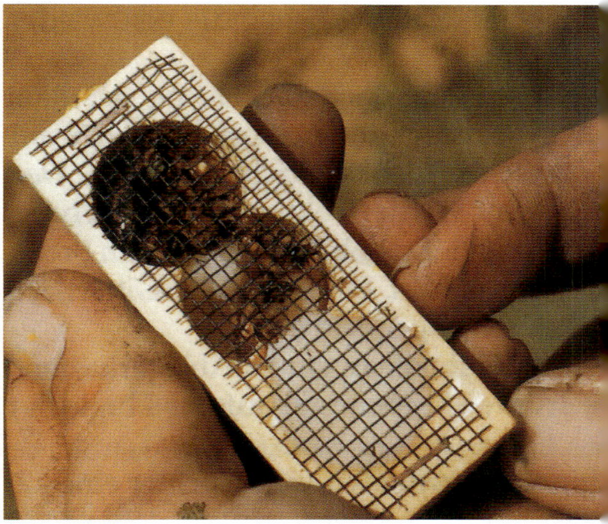

Einfüllen von Begleitbienen in einen hölzernen Versandkäfig vom Typ „Benton"
(Foto: Gilles Fert)

Königinnen in Käfigen, die fertig für den Versand sind
(Fotos: Klaus Nowottnick)

Verwertung von Weiselzellen

Während des Transportes von Weiselzellen ist besondere Vorsicht geboten. Sollen solche Zellen in einen Brutschrank kommen oder in Begattungskästchen eingeweiselt werden, so müssen sie in speziellen Kästen aus isolierendem Schaumstoff transportiert werden, insbesondere dann, wenn der Weg sehr weit ist. Bei niedriger Luftfeuchtigkeit ist es empfehlenswert, ein feuchtes Tuch über den Transportkasten zu decken. Besser ist es, wenn man die Zellen in Transportkästchen mit jungen Bienen befördert, weil sie die richtige Umgebungstemperatur schaffen können und auch erhalten.

Mit Königinnenzellen beweiseln

Die Bienen eines Volkes merken sehr bald, dass sie keine Königin mehr haben, wenn man diese entfernt hat. Zur Neubeweiselung nimmt man eine 10 bis 11 Tage alte Weiselzelle. Diese wird unterhalb des oberen Rähmchenträgers auf die Wabe gesteckt. Zum Befestigen eignet sich besonders gut ein Zahnstocher. Aber Vorsicht, damit die Königin in der Zelle nicht beschädigt wird. In jedem Fall sollte die Zelle aber so dicht wie möglich an der Brut und vorzugsweise an schlüpfender Brut auf der Wabe befestigt sein, und zwar so, dass die Königin

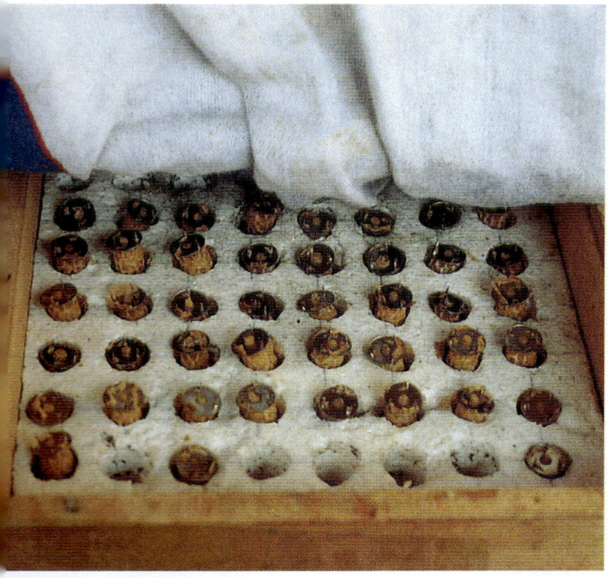

Der Kasten aus Styropor schützt die Weiselzellen vor Verkühlung und vor Stößen. *(Foto: Gilles Fert)*

Eine einfache Transportlösung ist ein Schaumstoffblock, in den man Löcher bohrt oder einschmilzt. *(Foto: Klaus Nowottnick)*

auch ungehindert schlüpfen kann, wenn sie den Zelldeckel geöffnet hat. Beim Transport fasst man die Zelle immer am oberen festen Teil an, damit die Königin nicht gedrückt und deformiert wird. An diesem oberen Teil wird sie auch befestigt. In Australien gibt man die Zelle erst in das Volk, nachdem ein Schlüpfkäfig aufgesteckt wurde. Das verhindert die Zerstörung durch die Bienen. Die Weiselzellen werden auch besser angenommen, wenn man den Begattungsvölkchen oder Ablegern etwas flüssiges Futter gibt. Vorsicht ist allerdings wegen der Gefahr der Räuberei geboten, wenn keine Tracht herrscht. Neuseeländische Königinnenzüchter tauchen die Weiselzellen ganz kurz in eine schwache, aber warme Zuckerlösung, weil die Zellen dann ebenfalls besser angenommen werden.

Egal, ob es sich um einen großen Königinnenzüchter mit mehreren Tausend Begattungskästen handelt oder um einen Imker mit einem geringeren Bedarf, entscheidend für beide ist, dass sie sich während der Zucht strikt an einen Zeitplan halten. Dazu gibt es viele Methoden, angefangen beim simplen Notizbuch bis zu Bemerkungen an der Beutenrückwand. Besonders eignet sich die Aufbewahrung aller erforderlichen Informationen eines jeden Volkes unter dem Deckel in einer Folie. Das birgt jedoch die Gefahr des Verlustes aller Aufzeichnungen, zum Beispiel, weil ein Sturm den Deckel abhebt, weshalb viele Züchter dazu übergegangen sind, ihre Aufzeichnungen (= Stockkarten) in einer Mappe zu sammeln. Die Bodenbrettnummer des jeweiligen Volkes genügt, um zu wissen, welche Stockkarte zum jeweiligen Volk gehört.

Gut bewährt hat sich ein aufsteckbarer Käfig aus Kunststoff. Hier wurde zur Demonstration eine bereits geschlüpfte Weiselzelle verwendet. (Foto: Gilles Fert)

Eine schlupfreife Weiselzelle wird unmittelbar an der schlüpfenden Brut platziert. (Foto: Gilles Fert)

Maßnahmen gegen Räuberei

Gegen Saisonende oder in schlechten Trachtjahren, wenn die Königin noch eingesperrt ist, kann die Räuberei zu einem großen Problem werden. Das kann sogar den Verlust des Begattungsvölkchens bedeuten. Eine Antwort auf diese Gefahr ist das Verschließen der Fluglöcher, die erst wieder am folgenden Tag geöffnet werden.

1962 stellte H. H. LAIDLAW einen Fluglochvorsatz vor, der Räuber sehr effektiv an einem Eindringen in die Kästen hindert. Auf dieses Anbauteil kann in Regionen mit häufigen Trachtlücken nicht verzichtet werden. Der Vorsatz kann jederzeit vom Eingang entfernt werden, ohne die Bienen oder die Königin zu stören oder zu beeinträchtigen. Das Flugloch ist 2,5 cm breit und der Gitterkäfig misst 130 x 130 x 10 mm. Ein Drittel der Gitterfläche ist auf der einen Seite mit einem Stück Blech abgedeckt.

Wann immer sich Zeichen einer Räuberei an einem Ablegerkasten bemerkbar machen, sollte man einige Tropfen Terpentinöl auf das Flugloch träufeln, welche Bienen anderer Völker zumindest bis zu einem gewissen Grad davor abhalten, ein Volk auszurauben. Bei der Entnahme der Königinnen verwenden viele Züchter eine Art Zelt aus feinem Fliegengitter, unter dem der Imker und die Begattungskästen genügend Platz vorfinden. Das Gestell des Zeltes besteht aus Holzleisten, das mit feiner Gaze aus Nylon, ähnlich den Moskitonetzen, bespannt ist. Gewöhnlich besitzt ein solches Zelt eine Grundfläche von 1 x 1,5 m und eine Höhe von 2,0 m.

Zelte, wie oben beschrieben, lassen sich auch zum Honigschleudern auf Wanderstandorten der Völker verwenden, wie es hier in Spanien der Fall ist.
(Foto: Klaus Nowottnick)

Fluglochvorsatz zum Schutz vor Räubern am Eingang eines Ablegerkasten

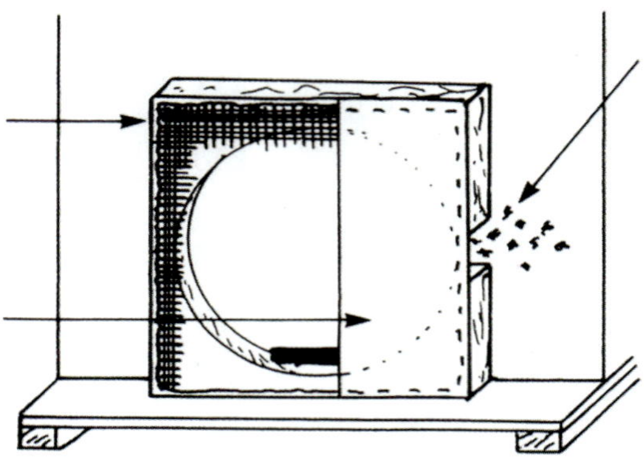

(Grafik: Gilles Fert/ Klaus Nowottnick)

Die Bedeutung der Drohnen und ihre Zucht

Eine bedeutende Rolle bei der Königinnenzucht spielen die Drohnen. Sie müssen in ausreichender Anzahl vorhanden sein. Sie sind für die Zucht so bedeutsam, wie für den Honigproduzenten die Nektartrachten. Aber auch für die natürliche Begattung nicht gezüchteter Königinnen außerhalb von Belegstellen ist es wichtig, eine hohe Drohnendichte zu haben. Vor allem in Gegenden, in welchen die Imkerschaft ihre heimische Unterart erhalten möchte, ist es wichtig, dass jedes Volk der zu schützenden Unterart auch Drohnen aufzieht. Deshalb, und weil das ständige Ausschneiden von Drohnenbrut jedes Mal ein ziemlicher Aderlass für ein Volk ist, ist es unverständlich, wenn Imker immer noch Drohnenbrut ausschneiden, um die Varroa-Milbenpopulation im Volk zu reduzieren, anstatt eine wirkungsvolle Restentmilbung der Völker mittels Oxalsäure im Winter durchzuführen. Auf die Honigernte haben die Drohnen keinerlei negativen Einfluss, weil sie mit dafür sorgen, dass die Brut auch während der kühlen Stunden die richtige Temperatur erhält und die Drohnen zu dieser Jahreszeit ein regulärer und vitalisierender Bestandteil eines intakten Bienenvolkes sind.

Mit der Aufzucht der Königinnen wird begonnen, wenn die Drohnenbrut bereits 5 Tage verdeckelt ist. JEAN-PROST (1987) meint, dass sich die Drohnen in großer Anzahl an bestimm-

Zur Zeit der Vermehrung gehören Drohnen zum Bienenvolk. Sie sind ein Teil des funktionierenden Organismus Bienenvolk. Ohne sie kommt das Volk aus der Balance, ganz abgesehen davon, dass sie für die Begattung der Königinnen unverzichtbar sind.

(Foto: Klaus Nowottnick)

Schlupf eines Drohnen.
(Foto: Klaus Nowottnick)

ten Sammelplätzen treffen. Man weiß auch, dass eine Königin von 15 bis 20 Drohnen, manchmal auch von mehr als 20 Drohnen begattet wird (G. ARNOLD, 1996). Die Mehrfachpaarung und der damit verbundene Tod der Drohnen, aber auch die Tatsache, dass nur ein Teil der Drohnen eines Volkes im begattungsfähigen Alter ist und dass ein einzelner Drohn auch nur einen kleinen Teil der Drohnenflugzeit an einem Tag am Drohnensammelplatz anwesend sein kann, erklärt, weshalb man auf einer Belegstelle auch mindestens 30 Drohnenvölker aufstellen sollte, vor allem, wenn man als verantwortungsbewusster Belegstellenbetreiber haben möchte, dass zwischen den Drohnen ein Wettbewerb existiert und nicht auch der langsamste und damit schlechteste Drohn zum Zug kommt. Nach der Mehrfachbegattung kann man immer nur ein Geschlechtsteil des Drohnen sehen, wenn die Königin heimkehrt. Um gezielt mehr Drohnen aufziehen zu können, erhalten die Drohnenvölker Rähmchen mit Drohnenzellprägung (640 Zellen auf 1 dm^2). Der Fachhandel hält solche Mittelwände bereit. Falls sie aber nicht verfügbar sind, kann man sich auch mit einem 3 bis 4 cm breiten Streifen einfacher Mittelwand helfen, die man in die benötigten zwei oder drei Rähmchen anlötet. Diese Rähmchen werden in Intervallen von jeweils 10 Tagen in die ausgewählten Völker gehängt. Nun können die Bienen dort den Drohnenbau errichten. Wenn die Völker sehr stark sind und noch wenig Drohnen haben, reicht es im April, Mai oder Juni auch, einfach ein leeres Rähmchen zwischen eine

Hier werden tausende, wertvolle Drohnen sinnlos in einem Wachsschmelzer vernichtet, anstatt für die Paarung eingesetzt zu werden.
(Foto: Klaus Nowottnick)

Brutwabe und der angrenzenden Pollen- oder Honigwabe zu hängen. Innerhalb weniger Tage wird es zur Gänze als Drohnenwabe ausgebaut und von der Königin bestiftet.

Um Drohnen zu erzeugen, müssen vitale Völker ausgesucht werden, mit mindestens 5 Brutwaben und einer Zuchtkönigin. Die Drohnenrahmen sollten am Rande des Brutnestes und nahe an der Pollenwabe eingehängt werden, weil die Aufzucht der Drohnen eine niedrigere Stocktemperatur erfordert als die Aufzucht der Arbeiterinnen und Drohnen bei zu hohen Temperaturen steril werden.

Drohnenbereitstellung während länger anhaltenden Schlechtwetterperioden und gegen Ende der Zuchtsaison

Sollten die Völker über einen länger anhaltenden Zeitraum nicht die Möglichkeit haben, Nektar zu sammeln, zum Beispiel weil es wochenlang regnet oder zu kalt ist, entfernen die Arbeiterinnen einen Großteil der Drohnen ihrer Völker. Für eine Belegstelle ist das eine Katastrophe, weil auf diese Weise eine Zeitlang begattungsfähige Drohnen fehlen. Um das zu verhindern, ist es notwendig, rasch zu reagieren und großzügig Zuckersirup zu füttern (10 l/Volk).

Sobald die Tracht zu Ende ist, in manchen Gegenden ist das bereits Ende Juli, in anderen erst Ende August, versorgen die Arbeiterinnen die Drohnen nicht mehr mit Futter und werfen sie aus ihren Völkern (Drohnenschlacht). Wenn man das auf einer Belegstelle verhindern möchte, um noch bis Ende August oder Mitte September Drohnen für die Begattung von Königinnen bereitstellen zu können, muss man alle Drohnenvölker der Belegstelle kurz vor Beginn der Drohnenschlacht gleichzeitig entweiseln, zum Beispiel indem man die Königinnen mit ein paar Waben entnimmt und Ableger bildet. Anschließend kann man die entweiselten Völker entweder eine eigene Königin nachziehen lassen oder ihnen, nachdem man alle Weiselzellen ausgerissen hat, eine markierte Zuchtkönigin zusetzen. Bis zum Beginn der Eilage der neuen Königinnen werden die Drohnen in jedem Fall gehalten. Abgeraten muss vor einem Entweiseln eines Teils der Drohnenvölker werden, weil diese zu dieser Zeit von den weiselrichtigen Völkern ausgeraubt werden und daran zugrundegehen. Aus diesem Grund ist es auch notwendig, die Stockeingänge der weisellosen Völker zu verengen und die Völker nicht zu lange weisellos zu halten.

Drohnenproduktion mit unbegatteter Königin

Eine unbegattete Königin kann gezielt dazu gebracht werden, unbefruchtete Eier zu legen, aus denen schließlich Drohnen entstehen. Dazu ist nichts weiter notwendig, als dass man sie durch ein Absperrgitter am Flugloch am Begattungsflug hindert.

Eine verdeckelte Drohnenwabe
(Foto: Klaus Nowottnick)

Nach Trachtschluss beginnen die Bienen, sich der Drohnen zu entledigen, indem diese kein Futter mehr erhalten und die Bienen sie am Betreten der Beute hindern.
(Foto: Klaus Nowottnick)

MACKENSEN (1947) beschreibt, wie man eine unbegattete Königin zur Ablage unbefruchteter Eier für Drohnen stimulieren kann. Man sucht sich eine der Größe und Vitalität nach passende Königin im Alter von 5 bis 6 Tagen aus und betäubt sie für 15 bis 20 Minuten mit CO_2. Die Betäubung wiederholt man nach weiteren 24 Stunden. Zumeist am 12. bis 14. Tag beginnt die Königin mit der Ablage der unbefruchteten Eier. Diese „Drohnenköniginnen“ müssen über Absperrgitter auf eine ausgebaute Drohnenwabe abgesperrt werden. Die Aufzucht von Drohnen muss schon sehr zeitig im Jahr geschehen, denn der Drohn benötigt etwa 7 Wochen vom Eistadium bis zur vollen Geschlechtsreife. Drohnen sind auch nicht länger als einen Monat fruchtbar. Mit einer angemessenen Reizfütterung lässt sich die Drohnenaufzucht aber in Gang halten.

Bevor man sich für die Produktion von Drohnen durch unbegattete Königinnen entscheidet, sollte man jedoch folgende Punkte abwägen: Die Methode ist aufwändig, auch begattete Königinnen produzieren Drohnenbrut und die unbegatteten Königinnen müssen nach ihrer Verwendung getötet werden, weil sie nicht in der Lage sind, ein Volk zu erhalten.

Die Verwendung unbegatteter Königinnen zur Drohnenaufzucht ist daher nur in Zeiten notwendig, in welchen begattete Königinnen keine Drohneneier legen.

Überwinterung von Königinnen

Zum einen, um die Brut in den Völkchen zu verwerten, und zum anderen, um für die Saison des kommenden Jahres zur rechten Zeit wieder ausreichend Begattungsvölkchen zu haben, ohne die Wirtschaftsvölker zu so früher Zeit schröpfen zu müssen, stelle ich noch vor Ende der Zuchtsaison einige Mini-Plus-Beuten für die Überwinterung zusammen, die nicht mehr für die laufende Begattung benötigt werden. Dazu sucht man sich einen geeigneten, etwas windgeschützten Standort aus. Dort werden ein oder zwei inzwischen entweiselte Kästchen über Zeitungspapier auf eine weiselrichtige Einheit gestellt. Die Vereinigung verläuft zu dieser Zeit meist problemlos.

Will man nichts oder hat man nichts zu vereinigen, dann muss man bestimmte Völkchen schon rechtzeitig aus dem Begattungszyklus herausnehmen und ihnen die Gelegenheit geben, sich zur Winterstärke zu entwickeln. Das geschieht durch Erweiterung von Zargen mit ausgebauten Waben und durch einen fortlaufenden Futterstrom.

In meiner Gegend, wo ich die Völker für die Überwinterung wirksam gegen Mäuse schützen muss, eignen sich die Böden aus Kunststoff nicht so gut. Ich habe mir deshalb Holzböden angefertigt, die häufig für die Überwinterung gegen Styroporböden ausgetauscht werden. An deren Flugloch wird abschließend ein Mäusegitter mit Reißbrettstiften angebracht.

Auf diese Weise können die Völkchen sicher überwintern und rechtzeitig zum kommenden

Wintereinfütterung der dafür vorgesehenen Mini-Plus-Einheiten
(Foto: Klaus Nowottnick)

Saisonstart habe ich bereits Begattungsvölkchen, ohne die Wirtschaftsvölker schröpfen zu müssen. Ein Verlust von Königinnen aus Wirtschaftsvölkern ist besonders ärgerlich, aber durch die Überwinterung von Reserveköniginnen, kann man nun problemlos eine neue Königin aus einer Mini-Plus-Beute einweiseln.

Auch tiefster Winter schadet den Kleinvölkern nicht, wenn sie ausreichend stark sind und genügend Futtervorrat haben.
(Foto: Klaus Nowottnick)

Vereinigung von weisellosen Mini-Plus-Beuten mit einer weiselrichtigen Einheit über perforiertem Zeitungspapier.
(Foto: Klaus Nowottnick)

Die künstliche Besamung

Das prinzipielle Ziel dieses Kapitels ist die Entmystifizierung der instrumentellen Besamung der Bienenköniginnen. Einige Hinweise über die relativ einfachen Methoden und die erforderliche technische Ausstattung sollen dazu hilfreich sein. Damit wird es einer großen Anzahl Imkern möglich sein, die inzwischen perfekte und funktionstüchtige Technik selbst zu nutzen.

Einführung

Es war ein langer Weg seit den ersten Bemühungen einer künstlichen Besamung, wie sie von F. HUBER bereits 1790 erwähnt wurde, bei dem ein Malpinsel dazu dienen sollte, das Sperma einer Hummeldrohne auf den Genitalgang einer Königin zu übertragen.

Nach den vielen erfolglosen Bemühungen von F. RUTTNER, eine kontrollierte natürliche Paarung in einem geschlossenen Raum durchzuführen, hat die instrumentelle Besamung inzwischen wichtige Fortschritte gemacht. Heute ist diese Technik der Königinnenbesamung zur Routine vieler Wissenschaftler und Königinnenzüchter geworden. Die instrumentelle Besamung erlaubt die uneingeschränkte Kontrolle der Befruchtung, wodurch sich die Zucht-

Die wichtigsten Regeln für eine erfolgreiche künstliche Besamung:

Sauberheit und Hygiene

Biologische Voraussetzungen
- Königin und Drohnen müssen reif sein
- Begleitbienen und Volksstärke
- Umgebungstemperatur, Luftfeuchtigkeit usw.

Optimal gefüllte Samenblase der Königin

Technische Voraussetzungen
- Besamungsgerät mit Spritze
- Mikroskop und Beleuchtung
- CO_2 für Narkose

Geschick und Handhabung des Besamers

arbeit deutlich verbessert hat. Das Einbringen männlicher Spermien in das Geschlechtsorgan der Königin erfordert aber umfassende biologische und technische Kenntnisse. Letztere sind insbesondere für die Besamungstechnik unverzichtbar. Die erste technische Besamung von Bienenköniginnen gelang WATSON 1927 (PETER SCHLEY, 1990). Er besamte die Königinnen ohne Betäubung.

MACKENSEN entwickelte die Technik der Besamungsapparatur und narkotisierte die Königin mit Kohlendioxid. Von LAIDLAW kam die Entdeckung der Scheidenklappe der Bienenkönigin. In den 1960er-Jahren wurde das Verfahren verstärkt angewendet und inzwischen arbeiten viele Königinnenzüchter mit dieser Art der Königinnenbesamung. Die Besamung darf nur an geschlechtsreifen Königinnen vorgenommen werden. Die erforderliche Terminplanung ist dabei unverzichtbar, denn Drohnen benötigen für ihre Entwicklung vom Ei bis zum geschlechtsreifen Drohn 45 Tage. Königinnen sind dagegen bereits nach 22 Tagen geschlechtsreif. Für den Imker und Züchter ist es deshalb von großer Bedeutung, erstrangig die Drohnenbrut aufzuziehen. Man beginnt ungefähr 22 Tage vor dem avisierten Besamungstermin der Königinnen mit deren Aufzucht.

Zielstellung

Die Imkerei von Gilles Fert in Südwestfrankreich hat zum Ziel die Aufrechterhaltung fremder Herkünfte über mehrere Generationen hinweg. Dort gab es über viele Jahre Probleme, Königinnen der kaukasischen Biene *Apis mellifera caucasica* zu bekommen. Durch die instrumentelle Besamung der Töchter mit dem Samen ihrer Brüder erhielt er Königinnen mit allen genetischen Qualitäten dieser Rasse. Dabei wurden alle jene ausgesondert, die als Ergebnis dieser Inzucht einen hohen Anteil nicht lebensfähiger Brut erzeugt hatten.

Die instrumentelle Besamung ermöglicht es auch, dass man Kundenwünschen nach Dreifachhybrid-Königinnen vom Typ Ligustica x Caucasica x Mellifera nachkommen kann. Wir erhalten unsere italienisch-kaukasische Linie durch instrumentelle Besamung und die entstandenen Königinnen werden mit Drohnen der *Apis mellifera mellifera* besamt. Das ergibt schließlich die sehr bekannten Dreifachhybriden, die gewöhnlich als TH (triple hybrid) bezeichnet werden. In diesem besonderen Fall könnte man auch eine Belegstelle aufsuchen, wo die Königinnen italienischer Abstammung durch Drohnen der kaukasischen Biene natürlich begattet werden. Aber man weiß ja mitt-

Künstliche Besamung
einer Bienenkönigin
(Foto: Peter Schley)

lerweile, dass es keine 100%ige Garantie für den beabsichtigten Begattungserfolg gibt, ganz im Gegensatz zur instrumentellen Besamung. Außerdem wären die Kosten für eine natürliche Begattung auf einer Belegstelle höher als die der künstlichen Besamung.

Im deutschsprachigen Raum bedient man sich der instrumentellen Besamung, um die vorhandenen Rassen, Stämme und sogar Linien zu erhalten. Überwiegend betrifft das die *Apis mellifera carnica* mit ihren Stämmen. Auch die dunkle Biene *Apis mellifera mellifera* lässt sich nur durch die instrumentelle Besamung und auf relativ sicheren Insel- und Hochgebirgsbelegstellen rein erhalten. Im Laufe der Jahre ist auch die Buckfastbiene weiterhin eine beliebte Wirtschaftsbiene geworden. Ihre Entstehung fußt auf einer Kombinationszucht, deren Urzüchter Bruder Adam dazu viele unterschiedliche Rassen aus Südeuropa, Osteuropa und Nordafrika und dem nahen Osten ein- und verkreuzte. Zur Vermeidung einer Aufspaltung in den Folgegenerationen müssen die Buckfastzüchter immer wieder aufs Neue bestimmte Einkreuzungen vornehmen. Ohne die instrumentelle Besamung wäre das nicht möglich.

Grundsätzliche Vorkehrungen

Es gibt einige wichtige Voraussetzungen bei der künstlichen Besamung, die von jedem Besamer berücksichtigt und eingehalten werden müssen, wenn sie erfolgreich sein soll.

Die Räumlichkeiten und deren Ausstattung

Ein komplett sauberer Raum, ausgestattet mit fließendem Wasser und elektrischem Strom, ein Arbeitstisch und ein Arbeitsstuhl sind fast alles, was man benötigt, um das Besamungsgerät mit dem erforderlichen Zubehör zum Einsatz zu bringen. Für dieses kleine Labor ist eine relative Luftfeuchtigkeit von 50 % empfehlenswert. Mit einem preiswerten Hygrometer ist die fortlaufende Kontrolle der notwendigen Luftfeuchtigkeit möglich. Das ist sehr wichtig, damit die Organe der Königin während der Besamung nicht austrocknen. Falls notwendig, kann die Luftfeuchtigkeit durch Aufstellung eines mit Wasser gefüllten Topfes auf einer Heizquelle oder durch Verwendung eines Druckkochers, der auch für die Sterilisierung der Utensilien genutzt wird, erhöht werden.

Wichtig ist auch ein Flugkäfig, wo die spermaspendenden Drohnen nach dem Abfangen abgesperrt werden. Dazu eignet sich ein alter Speiseschrank oder man baut sich einen Kasten in den Abmessungen von ca. 80 x 80 x 80 cm (H x B x T). Eine der Seiten sollte mit einem

Ein großer, moderner Drohnenflugkäfig mit Plexiglaswänden. Damit die Drohnen abkoten können, muss ihnen eine Fluggelegenheit gegeben werden. Dazu muss der Käfig mit mindestens einer Seite dem Licht zugewandt sein. In diesem Fall ist es ein großes Fenster, das genug Licht hindurchlässt.
(Foto: Klaus Nowottnick)

Kleinerer Drohnenflugkäfig, dessen Außenseiten mit feinem Drahtgitter verschlossen sind.
(Foto: Klaus Nowottnick)

Königinnenabsperrgitter oder besser noch mit einem feinmaschigen Lüftungsgitter versehen sein. Auch die anderen Seiten sollten mit Lüftungsgittern oder Plexiglas verschlossen sein. Die Seite mit dem Gitter wird zum Fenster hin ausgerichtet. Die Drohnen können sich dort während des Fluges entleeren. Diese Vorkehrung erleichtert später die Spermaabnahme und verhindert eine Verschmutzung mit Kot. Wesentlich besser wäre es jedoch, für die Drohnenaufzucht Volieren zu verwenden, sodass die Drohnen in den Volieren und nicht erst bei der Besamung abkoten. Auf diese Weise kommen sie sauber zur Besamung und nur vereinzelt kommt es zum Abkoten eines Drohns.

Vor der Besamung einer Königin ist es jedoch wichtig, auch sie im Flugkäfig fliegen zu lassen, damit sie nicht während der Besamung in Narkose abkotet. In so einem Fall muss die Königin unbesamt dem Begattungsvolk zugesetzt werden und kann frühestens am nächsten Tag, wenn sie von den Arbeiterinnen geputzt wurde, besamt werden. Im Notfall kann sie auch ausfliegen und natürlich begattet werden. Deshalb schneidet man der Königin immer erst nach erfolgreicher Besamung eine der Flügelspitzen.

Nähere Hinweise zur Ausstattung eines Besamungslabors mit allen technischen Details können dem Bulletin Technique Apicole (OPIDA), Nr. 2 3 40, „Instrumental Insemination – Setting Up Laboratory Units" von B. MOULIS und J. KEFUSS (1989) und dem Buch von Prof. Dr. Peter Schley „Einführung in die instrumentelle Besamung von Bienenköniginnen" entnommen werden.

Die technische Ausrüstung

Folgende technische Geräte werden für die instrumentelle Besamung benötigt:

1. Ein Besamungsgerät oder eine Besamungseinheit
2. Ein Binokular-Mikroskop (x 10 und x 20)
3. Ein Kohlendioxid-Behälter (CO_2) mit Druckminderer

Außerdem sollte sich das Besamungslabor so nahe wie möglich bei den Zuchtvölkern befinden, denn diese Völker stellen die Drohnen, die unbegatteten Königinnen und die Ableger.

Das Besamungsgerät

Seit einigen Jahren schon verwendet Gilles Fert ein Besamungsgerät von KEMP, das den Vorteil einer einfachen und effektiven Bedienung besitzt und relativ preiswert ist.

Das Dorsalhakensystem mit einer 1,5-mm-Bohrung macht es möglich, den Stachel der Königin zu fixieren und die Scheide der Königin sehr einfach zu öffnen. Es entspricht damit der Methode, die 1987 von F. SCHAFFERHANS beschrieben wurde. Sie revolutionierte die Besamungstechnik vor einigen Jahren durch Vereinfachung der Arbeit. Zudem werden fast alle Risiken für die Königin beseitigt. Weit verbreitet ist das **Besamungsgerät von Schley**, das sich immer wieder in der Weiterentwicklung befindet. Es gilt heute weltweit als eines der besten Besamungsgeräte. Dieses, wie alle Bauarten von Besamungsgeräten, dient letztlich dazu,

Das Besamungsgerät von Dr. Schley
(Foto: Peter Schley)

die Königin zu fixieren und zu narkotisieren. Nur auf diese Weise kann sie mittels einer Glasspritze unter einem Mikropskop besamt werden.

Bauteile des Gerätes

1. Stativfuß
2. Linke und rechte Stativsäule mit Stellringen
3. Königinnenhalter mit Kohlensäurezuführung (CO_2)
4. Lagerblöcke mit Kugelführungen auf beiden Seiten
5. Dorsal-Lochhaken mit Haltegriff (Stachelhaken, der von der Rückseite der Königin greift)
6. Ventralhaken mit Haltegriff (greift von der Bauchseite))
7. Halteblock für Zahnstangentrieb und Spritzenhalter (in der Neigung durch Stellschraube verstellbar)
8. Bewegliches Zahnstangenteil mit Spritzenhalter
9. Besamungsspritze mit Besamungskanüle (Schaftdurchmesser 8 mm)

Das Mikroskop

Neben dem eigentlichen Besamungsapparat benötigt man ein Stereomikroskop. Gilles Fert verwendet ein Euromex KTD1-925 Binokular-Mikroskop mit einem Winkel von 45°, das eine integrierte Lampe besitzt. Es ist für zwei Vergrößerungen ausgelegt: 10-fach für die Abnahme des Spermas und 20-fach für die Besamung der Königin. Diese Ausrüstung eignet sich hervorragend für die instrumentelle Besamung von Bienenköniginnen.

Stereomikroskope gestatten ein räumliches Sehen. Der Vergrößerungsbereich ist abhängig von Modell und Hersteller und liegt normalerweise zwischen der 10- und 60-fachen Vergrößerung. Standardmäßig besitzen die mit Okularen ausgerüsteten Geräte eine 10-fache Vergrößerung. Die Objektive müssen dann entsprechend des eigenen Vergrößerungsbedarfes dazu ausgewählt werden. In der Regel kommt bei der instrumentellen Besamung eine Vergrößerung von 10–25-mal in Betracht. Dazu benötigt man ein Okular 10-mal und ein Objektiv 1–2,5-mal oder ein Okular 15-mal und ein Objektiv 1-mal. Der Markt bietet eine Vielzahl von Stereomikroskopen an. Bei der Wahl eines Stereomikroskopes für die künstliche Besamung muss beachtet werden, dass das Besamungsgerät und die Besamungsspritze einen recht großen Platzbedarf haben. Der Objektivbereich muss deshalb schmal sein, damit er die Arbeit nicht behindert. Ein Abstand von mehr als 100 mm zwischen Objekt und Objektiv ist deshalb von großem Vorteil (PETER SCHLEY, 1990).

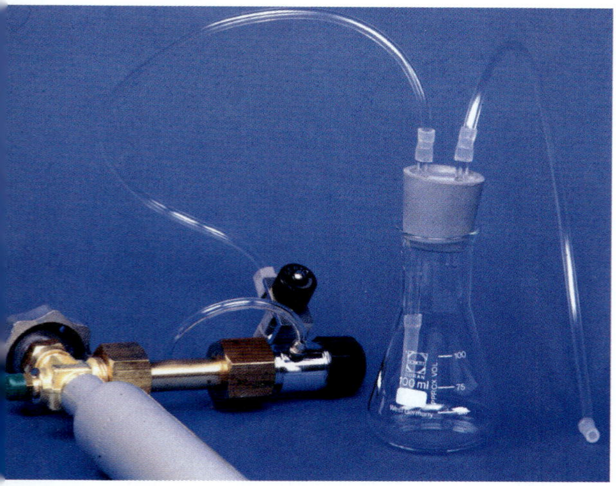

Zum Narkotisieren der Königin wird CO_2 und ein Gefäß – vornehmlich ein Erlenmeyer-Kolben – zur Ausdehnung und Kontrolle benötigt. *(Foto: Peter Schley)*

Das Kohlendioxyd (CO_2)

Eine CO_2-Flasche mit Druckminderer ist wichtig für die Narkotisierung der Königin. Man kann das Kohlendioxyd von verschiedenen Händlern beziehen, zum Beispiel in einem Aquaristikbedarfsgeschäft.

Das CO_2-Ausdehnungsgefäß, auch Waschgefäß genannt (Erlenmeyer-Kolben), besteht aus Glas und besitzt ein Volumen von 0,5 Litern. Man benötigt es, um das Gas vorzuwärmen und um eine visuelle Kontrolle über den Gasfluss zu haben. Es ist in Fachgeschäften für chemische Artikel erhältlich.

Zusätzliche Gerätschaften

Folgende Teile werden zudem noch für die Funktionsfähigkeit des kleinen Besamungslabors benötigt:

- Steril gehaltene Watteböllchen bzw. Wattestäbchen zum Desinfizieren der Haken und des Besamungsgerätes
- Tücher als saubere Unterlage zum Ablegen von Besamungszubehör, z. B. der Besamungskanüle
- Eine Flasche medizinischer Alkohol (70 %, Isopropylalkohol)
- Eine geeignete Verdünnerlösung ist nach RUTTNER (1975) eine physiologische Salz-

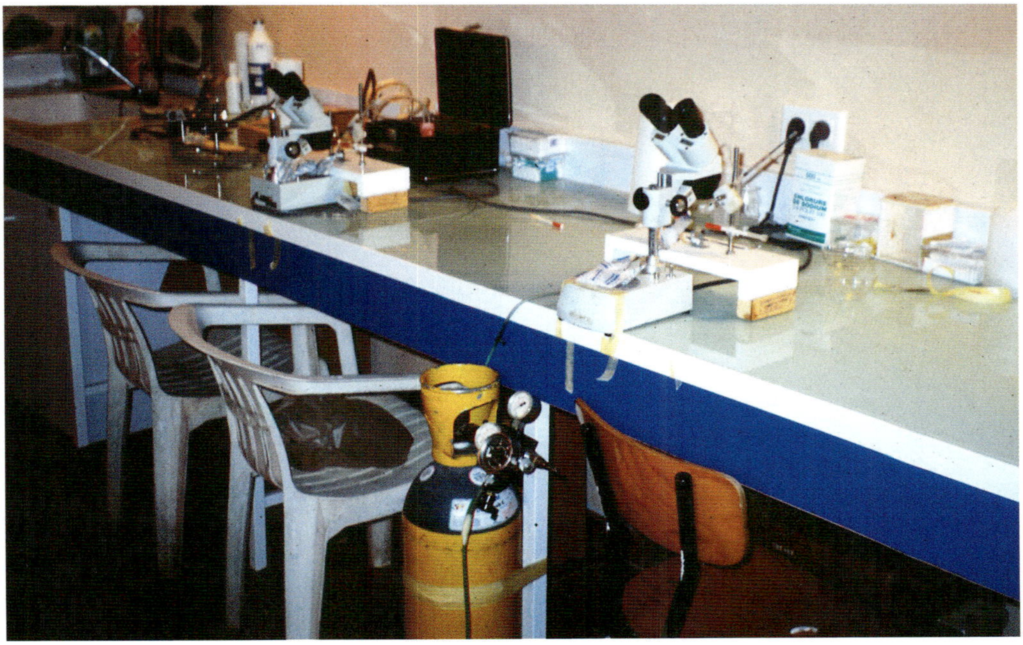

Arbeitstisch mit Besamungsgerät nach KEMP mit Mikroskop vom Typ EUMEX KTD 1925
(Foto: Gilles Fert)

lösung, die man sich in Apotheken mischen lassen kann. Die Rezeptur dieser Lösung lautet wie folgt:

- Natriumchlorid .... 9,0 g
- Calciumchlorid .... 0,2 g
- Kaliumchlorit .... 0,2 g
- Natriumhydrogencarbonat .... 0,1 g
- Steriles destilliertes Wasser ..... 1.000 ml

Der ph-Wert sollte 8,5 betragen und wird mit Natron- und Kalilauge eingestellt. Zur Kontrolle werden Indikatorstreifen verwendet. Der Vorteil dieser Lösung ist ihre Haltbarkeit über mehrere Wochen, weil sie keine organischen Bestandteile besitzt.

Teilweise verwendet man auch Eber-Spermaverdünner. Zur Herstellung der Lösung wird das destillierte Wasser samt dem später zum Rühren benötigten Löffel in ein Gefäß gegeben und dieses im Dampfkochtopf zusammen sterilisiert. Anschließend lässt man es abkühlen und fügt das Pulver nach Anwendungsvorschrift hinzu und löst es auf. Danach wird die Mischung erneut erhitzt, aber keinesfalls bis zum Siedepunkt. Die Lösung wird dann portionsweise in Einwegspritzen gefüllt. Leider ist ein solcher Verdünner nur wenige Tage haltbar.

Alle Geräte, die für die Aufzucht der Königinnen verwendet wurden, werden nachstehend noch einmal aufgelistet:

- Brutschrank für die zeitweilige Unterbringung der unbegatteten oder gerade künstlich besamten Königinnen (bei 27 °C)
- Farbe oder Zeichenplättchen zum Markieren der Königinnen
- Scheren zum Flügelstutzen
- Drohnenflugkäfige
- Käfige für die Königinnen usw.

Schnitt durch den Hinterleib einer unbegatteten Königin

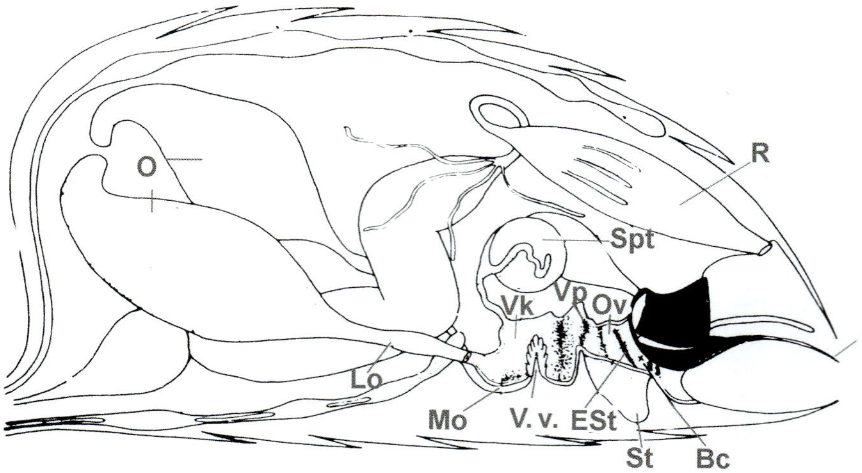

Bc: *Scheidenvorhof*
Est: *Eingang zur Seitentasche*
Lo: *Lateraler Ovidukt (paariger Eileiter)*
Mo: *Medianer Ovidukt (mittlerer Eileiter)*
O: *Ovar (Eierstock)*
Ov: *Scheidenöffnung*
R: *Kotblase*
S: *Stachel*
St: *Seitentasche*
Spt: *Spermatheka*
Vk: *Vaginalkammer*
Vp: *Vaginalpassage*
V. v.: *Valvula vaginalis (Scheidenklappe)*

(Nowottnick nach Ruttner und Tryasko, 1976)

Anatomie und Physiologie der Geschlechtsorgane

Bevor man mit Königinnen arbeitet, ist es wichtig, sich einige wesentliche Details der Anatomie der Königin sowie die Physiologie der Geschlechtsorgane ins Gedächtnis zu rufen. Dabei sei auf das Informationsblatt Nr. 1 2 80 der OPIDA hingewiesen, wo unter dem Titel „The Queens Reproductive Organs" (J. LOUVENAUX,1976) Informationen darüber zu finden sind.

Wird die Königin natürlich begattet, nimmt sie aktiv an dieser Kopulation teil. Von der Summe des Spermas ihrer Paarungspartner lagert die Königin ca. 10 % in ihrer Spermatheka ein. Dabei ist der Anteil des Spermas der einzelnen Drohnen nicht gleich verteilt, was zu unterschiedlich großen Vollgeschwistergruppen an Arbeiterinnen im Volk führt. Die Spermatheka hat die Größe eines Stecknadelkopfes und kann ungefähr 5.000.000 Spermien aufnehmen.

Solange die Königin lebt, sorgt die Spermathekadrüse, wegen ihrer Form auch oft Y-Drüse genannt, dafür, dass die Spermien am Leben bleiben.

Bei der instrumentellen Besamung bleibt die Königin inaktiv. Die praktische Einführung des Spermas in den mittleren Eileiter erfolgt nach Öffnung der Scheidenklappe mittels der Besamungskanüle.

Gewinnung des Spermas

Für die instrumentelle Besamung muss das Sperma vorher gewonnen werden. Die dafür benötigten Drohnen sammelt man erst unmittelbar vor der Spermaabnahme ein und lässt sie so rasch wie möglich im Flugkäfig im Besamungsraum wieder frei. Von diesem werden die Drohnen so rasch wie möglich entnommen und verbraucht.

Wichtig ist zu wissen, dass die Drohnen noch nicht von Geburt an geschlechtsreif sind. Für die Spermagewinnung kommen deshalb nur Drohnen in Betracht, die älter als 21 Tage sind. Man entnimmt die Drohnen aus ausgesuchten Völkern, in denen die Königin zuvor in einem durch Absperrgitter abgegrenzten Käfig auf einer Drohnenwabe abgesperrt war. Dadurch gibt es keine Zweifel an der Herkunft der Drohnen. Das Anbringen eines Absperrgitters am Eingang der Beuten der ausgewählten Vatervölker schließt zusätzlich den Verflug fremder Drohnen aus.

Begattungsfähige Drohnen halten sich mit Vorliebe auf dem Beutenboden oder den Futterwaben auf, wo sie auch abgefangen werden können. Der schnellste Weg, um sie zu fangen ist, dass man eine leere Zarge auf das Drohnenvolk stellt, auf das wiederum ein Absperrgitter gelegt wird. Durch das Licht werden die Drohnen nach oben in die leere Zarge gelockt, wo sie schließlich gefangen sind. Die Arbeitsbienen können durch das Absperrgitter nach außen entweichen. Anschließend wird unter die leere Zarge ein Innendeckel als Boden geschoben und die Zarge mit Drohnen, Boden und Absperrgitter bringt man in den Besamungsraum. Bevor jedoch die Drohnen für die Spermagewinnung Verwendung finden, kommen sie in den Flugkäfig, dessen Vorderseite dem Fenster zugewandt ist, damit sie beim Fliegen abkoten können.

Die Drohnen, die sich im Flugkäfig befinden und dort von den Arbeitsbienen gepflegt wurden, werden nun zur Spermaabgabe einzeln entnommen.

Abfangen von Zuchtdrohnen für die spätere künstliche Besamung. (Foto: Klaus Nowottnick)

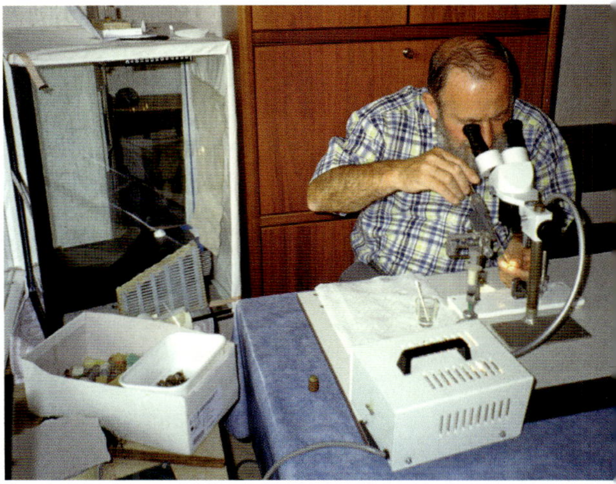

Der bekannte belgische Züchter Rudi Vogel beim Sammeln von Sperma am Besamungsgerät. Links daneben der Drohnenflugkäfig. Dieses Arrangement der Technik erleichtert die Arbeit sehr. (Foto: Klaus Nowottnick)

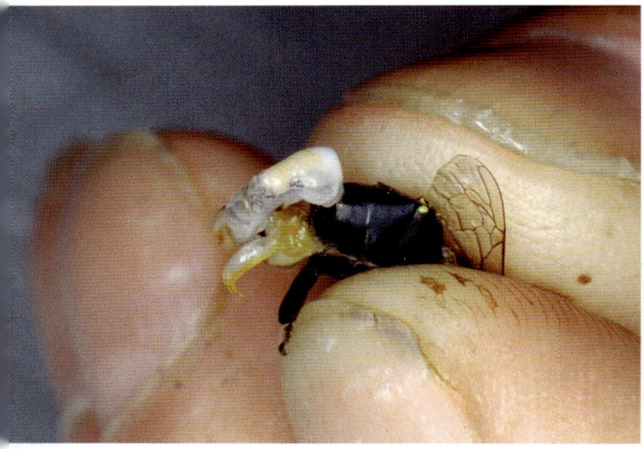

Ausgestülpter Begattungsschlauch eines Drohn. Der creme-orangefarbige Teil ist das Sperma und das Weiße ist der Schleim. Beim Aufziehen des Spermas in die Besamungskanüle muss man sehr vorsichtig sein, damit kein Schleim aufgenommen wird.

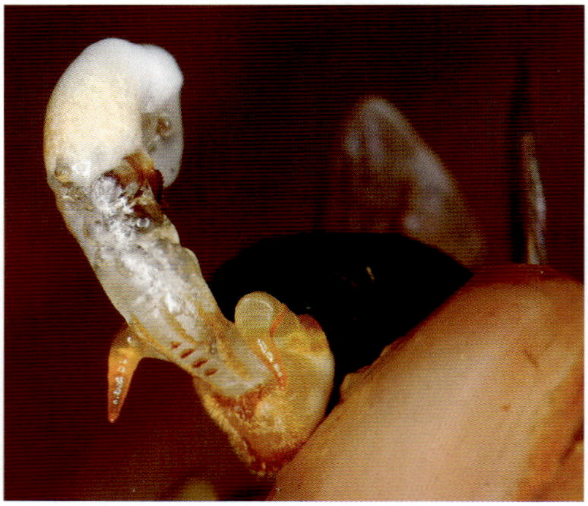

Deutlich erkennbar ist auch hier das cremefarbige Sperma und der weiße Schleim. Ein Zeichen für die Reife des Drohns sind seine orangefarbigen Hörnchen.

(Fotos: Klaus Nowottnick)

Um das Sperma zu gewinnen, muss man den Drohn zuerst zum Stülpen bringen. Dazu fasst man den Kopf des Drohns mit der rechten Hand zwischen Daumen und Zeigefinger. Dieser reagiert mit starkem Flügelschlag, was ihn anscheinend in Erregung versetzt (P. SCHLEY, 1990). Nun ergreift man mit der linken Hand das Hinterteil (Abdomen) des Drohns vom Kopf her zwischen Daumen und Zeigefinger und drückt dieses leicht und wiederholt. Daraufhin stülpt der Drohn sein Geschlechtsteil aus. Er stirbt sofort nach diesem Akt. Durch weiteres Drücken des Hinterleibes wird das Geschlechtsorgan vollkommen ausgestülpt und es erfolgt die Ejakulation, wobei das Sperma am Ende des Begattungsschlauches erscheint. Letzteres ist cremefarbig und kann leicht vom weißen Schleim unterschieden werden. Man sollte sich einprägen, dass unreife Drohnen einen transparenten Begattungsschlauch haben und ihr Hinterleib nach der Ausstülpung immer noch weich ist. Solche Drohnen kommen nicht für die Spermabereitstellung in Betracht. Bei reifen Drohnen sind die Hörnchen des Begattungsschlauches beinahe orangefarbig und ihr Hinterleib wird nach der Ausstülpung des Geschlechtsorgans fester. Sollte der Endophallus der Drohnen beim Stülpen zerplatzen (wertlos für die Besamung), ist das ein Zeichen, dass sie überreif sind. In so einem Fall muss man ihnen vor dem Stülpen den Kopf abreißen. Auf diese Weise kann ein Teil des Druckes beim Stülpen durch die Abrissstelle am Thorax entweichen und der Endophallus des Drohns zerplatzt nicht. Sollten die Drohnen schwer zum Stülpen zu bringen sein, ist das ein Zeichen dafür, dass sie entweder zu jung oder schon zu lange, ohne von den Arbeiterinnen gefüttert zu werden, im Flugkasten geflogen sind. In beiden Fällen sollte man den Kopf vor dem Stülpen nicht abreißen. Sie erzeugen beim Stülpen eher zu wenig als zu viel Druck.

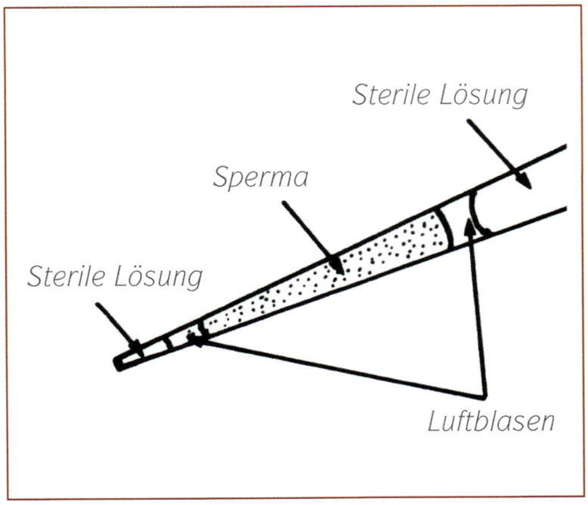

Schematische Darstellung der richtigen Befüllung der Besamungsspritze
(Grafik: Gilles Fert/Klaus Nowottnick)

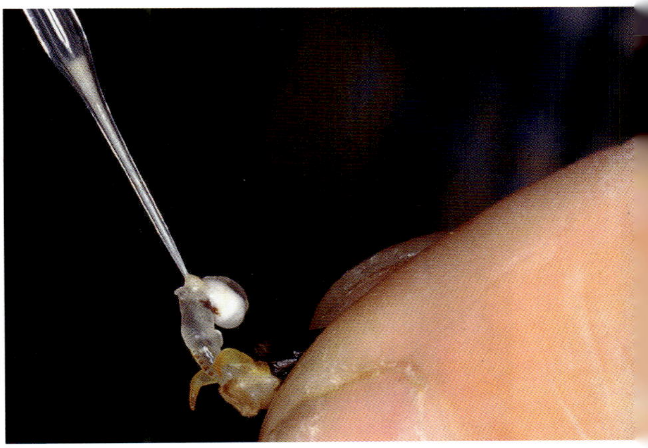

Aufsaugen des Spermas in die Besamungskanüle
(Foto: Klaus Nowottnick)

Aufziehen des Spermas

Das Aufziehen des Spermas sollte unter dem Binokular-Mikroskop mit mindestens 10-facher Vergrößerung erfolgen.

Vor der eigentlichen Besamung werden alle Gerätschaften im Autoklav entkeimt. Wird eine Spritze verwendet, wird diese am Spritzenhalter des Besamungsgerätes befestigt und das Mikroskop auf die Kanülenmündung eingestellt.

Zuerst saugt man 20 mm Salzlösung oder die Eber-Spermaverdünnerlösung in die Besamungskanüle. Als nächstes wird etwas Luft angesaugt. Die Luftblase sollte die Größe von 2 bis 3 mm besitzen. Sie isoliert das aufgenommene Sperma von der Salzlösung. Beim Absaugen liegt das Hauptaugenmerk darauf, ausschließlich Sperma und keine Schleimanteile aufzuziehen, da sonst die Besamungskanüle leicht verstopfen kann. Aus diesem Grund sollte man sofort, nachdem die Besamungskanüle mit dem Sperma in Kontakt gekommen ist, das konische Ende um ungefähr 1 mm zurückziehen. Zur Vermeidung des Risikos einer Verunreinigung des vom Ende des Begattungsschlauches abgenommenen Spermas darf dieses nicht in Kontakt mit anderen Teilen des Drohnenkörpers oder den Fingern des Züchters kommen. Wann immer Sperma eingesammelt wird, muss zuerst die Besamungskanüle mit einem sterilen, in Spermaverdünner getränkten, kleinen Papierstück gereinigt werden. Diese Arbeit ist sehr vorsichtig durchzuführen, um einen Bruch des leicht konischen Endes der Besamungskanüle zu vermeiden.

Zwischen jeder Aufnahme von Sperma wird ein kleiner Tropfen aus dem Ende des Röhrchens auf das Sperma vom Begattungsschlauch des nächsten Drohns getropft, bevor es aufgesaugt wird. Abhängig von ihrer Reife, benötigt man für eine instrumentelle Besamung 10 bis 20 Drohnen, was gleichbedeutend mit 8 bis 10 mm^3 Sperma ist. Ein wirklich reifer Drohn kann 1,5 bis 1,7 mm^3 Sperma abgeben, aber es ist ungewöhnlich mehr als 1 mm^3 davon zu gewinnen. Ist die erforderliche Menge Sperma zusammengekommen, schützt man dieses vor einem Feuchtigkeitsverlust durch Aufnahme einer weiteren Luftblase in der Besamungskanüle, gefolgt von einem Tropfen Salzlösung, den man aus einem Wattetupfer aufsaugt.

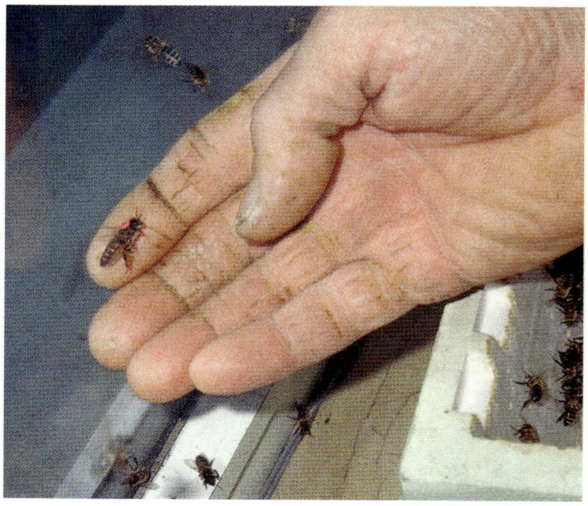

Das Abkoten der Königinnen ist ebenso wichtig wie das der Drohnen. Hier hat man die Königin aus dem Mehrwabenkästchen gegen die Fensterscheibe fliegen lassen, wo sie abkotete.

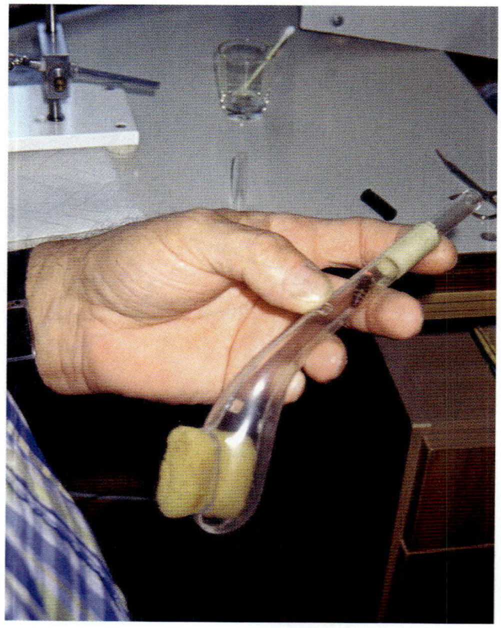

Die Königin lässt man schließlich in ein Abfangröhrchen laufen, um sie dann zur Besamung zur Hand zu haben.

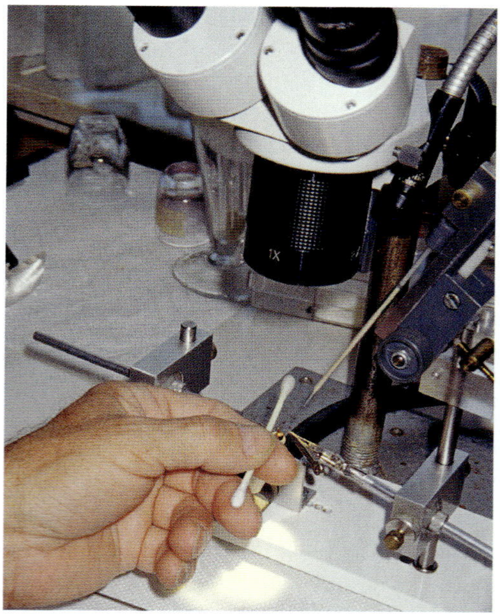

Die Haken an den Besamungsgeräten müssen nach jeder Besamung desinfiziert werden. Das geschieht mit einem Wattestäbchen, dessen Ende mit Äthanol getränkt wurde.

Die Königin steckt mit dem Kopf nach unten im Königinnenhalter. Nach wenigen Sekunden ist sie betäubt.
(Fotos: Klaus Nowottnick)

Besamungstechniken

Die unbegatteten Königinnen, die für eine instrumentelle Besamung vorgesehen sind, müssen unter optimalen Bedingungen aufgezogen werden, um Zuchtköniginnen von höchster Qualität zu bekommen. Die Königin ist ab einem Alter von sechs Tagen geschlechtsreif, die künstliche Besamung erfolgt ab einem Alter von 9 Tagen. Einige australische Königinnenzüchter besamen ihre Königinnen, wenn sie zwei bis drei Wochen alt sind, und das angeblich mit besseren Resultaten. Nach TABER (1991) ist es wichtig, dass man sie vor der Besamung einige Minuten gegen eine Fensterscheibe oder in einem Gitterkäfig fliegen lässt, damit sie abkoten können.

Die Haken am Besamungsgerät sollten mit medizinischem Alkohol desinfiziert werden.

Der CO_2-Durchfluss wird am Erlenmeyer-Kolben eingestellt, sodass 1,5 bis 2 Blasen pro Sekunde durch den Behälter gleiten. Die Königin kommt mit dem Kopf zuerst in den Königinnenhalter des Besamungsgerätes. Von ihrem Hinterleib schauen dabei nur noch die letzten 2 bis 3 Ringe heraus. Nach 4 bis 5 Sekunden ist sie betäubt und stellt unter dem Einfluss des CO_2 alle Bewegungen ein.

Öffnen der Vaginalpassage der Königin

Abfolge der dazu erforderlichen Arbeitsschritte:

1. Positionierung des Ventralhakens, um die Bauchschuppe zur Seite zu schieben.
2. Mit Hilfe der Vaginalsonde wird der Stachel in den Dorsalhaken eingefädelt. Anstelle des Dorsalhakens (auch Lochhaken) kann man auch einen Stachelgreifer verwenden.
3. Alles wird vorsichtig zur rechten Seite bewegt und leicht angehoben, bis der Eingang zur Vagina frei ist. Durch Verwendung des Dorsalhakens, den F. SCHAFFERHANS (1987) entwickelt hat, ist es nicht mehr nötig, die Scheidenklappe mit einer Scheidenklappensonde wegzudrücken. Dadurch wird der freie Zugang für die Besamungskanüle geschaffen.
4. Befeuchten der Spitze der Besamungskanüle mit Salzlösung, damit sie besser gleitet.
5. Nachdem der Geschlechtsapparat der Königin geöffnet ist, wird die Besamungskanüle ca. 1,5 mm tief in die Scheide geschoben und die 8 bis 10 mm^3 Sperma injiziert. Dabei ist Vorsicht geboten und das Binokular-Mikroskop ist dafür auf 20- oder 25-fache Vergrößerung einzustellen. Nachdem das Sperma injiziert wurde, wird die Besamungskanüle vorsichtig zurückgezogen und die Haken werden entfernt.

Öffnen der Vaginalpassage. Links wird mit dem Ventralhaken die Bauchschuppe zur Seite gezogen und rechts wird mit dem Stachelgreifer der Stachel zur Seite gezogen.

Die Besamungskanüle ist in die Scheide der Königin eingeführt worden. Ihr wird nun bis zu 10 mm^3 Sperma injiziert.

(Foto: Klaus Nowottnick)

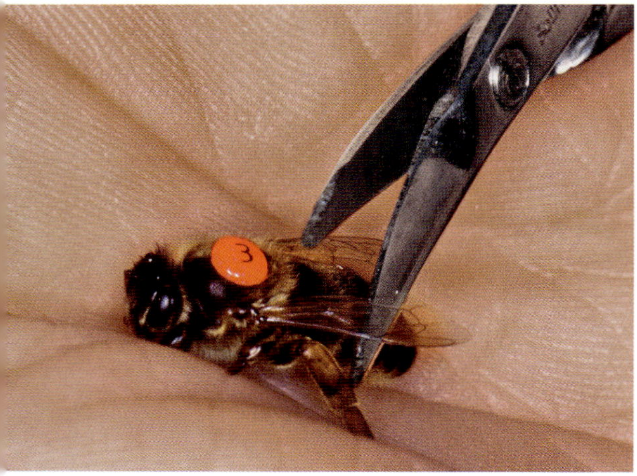

Mit einer kleinen Schere lässt sich wegen der Bewegungslosigkeit der Königin die Flügelspitze eines Vorderflügels um 1/3 der Flügellänge rasch einkürzen.

Die besamte Königin „schläft“ noch und bleibt deshalb ruhig auf der Hand liegen.
(Foto: Klaus Nowottnick)

Damit eine Königin nach der Besamung mit der Eiablage beginnt, muss sie zweimal mit CO_2 narkotisiert werden. Dafür ist es nicht entscheidend, ob sie vor der Besamung oder nach der Besamung eine zweite Narkose durch CO_2 für 5 bis 6 Minuten erhält. Die Narkose davor kann am Vortag oder einige Stunden im Vorhinein erfolgen. Wenn die Narkose nach der Besamung erfolgen soll, wird das üblicherweise erst am nächsten Tag durchgeführt. Entscheidend ist, dass das CO_2 ohne Druck in den Behälter mit den Königinnen fließt, also zum Beispiel in ein Glas, dessen Deckel erst verschlossen wird, wenn kein weiteres CO_2 mehr einströmt.

Die besamten Königinnen werden anschließend gezeichnet und eine Flügelspitze gestutzt. Wegen des gestutzten Flügels kann man davon ausgehen, dass eine künstlich besamte Königin nicht zusätzlich nach der Besamung für einen natürlichen Begattungsflug ausgeflogen sein kann. Dafür ist es allerdings auch notwendig, das Flugloch der Begattungskästchen zu besamender Königinnen immer auf Schlitz (nur Arbeiterinnen passen hindurch) gedreht zu haben (vor und nach der Besamung). Auch wenn einer Königin eine Flügelspitze gestutzt worden ist, würde sie versuchen, auszufliegen, und im Gras vor den Kästchen verenden. Schließlich ist sich die Königin nicht bewusst, bereits besamt geworden zu sein.

Nach der Besamung setzt man die Königin im Käfig wieder ihrem Ableger zu. Der Käfigausgang erhält einen Futterteigstöpsel, der von den Bienen und der Königin aufgezehrt wird und wodurch sie schließlich frei kommt. Etwa 10 bis 15 Minuten nach der Narkose wacht sie auf. Die erste Kontrolle des Ablegers erfolgt nach 5 Tagen, wenn die meisten Königinnen ihre Eiablage aufgenommen haben. Für spätere Prüfungen und Bewertungen sollten alle Details gut notiert werden, etwa die Herkunft der Königin und des Spermas, das Datum und alle Zeiten der verschiedenen Arbeitsschritte usw. Dazu eignet sich das Anbringen einer Karte an jedem Ableger, wo dies aufgeschrieben wird.

Die Spritze und die Besamungskanüle können mehrfach verwendet werden, man muss sie aber nach jeder Besamung einer Desinfektion unterziehen. Das konische Ende der Besamungskanüle darf keine Beschädigungen aufweisen. Man untersucht es praktischerweise immer wieder mit dem Mikroskop. Der kleinste Bruch oder Sprung im Glas kann die Königin verletzen.

Unter Königinnenzüchtern wird oft ein Austausch von Sperma praktiziert. S. TABER (1961) bewies, dass man Sperma, das vor Licht und Luft geschützt ist, bei 13 bis 15 °C mehrere Wochen aufbewahren kann. Mit dem Ziel der Erweiterung der genetischen Auswahl bei instrumentell besamten Königinnen haben Wissenschaftler eine Technik entwickelt, die es ermöglicht, das Sperma homogen zu mischen. Bei dieser Methode wird das Sperma vieler, manchmal Hunderter Drohnen gemischt. Dadurch erhält auch die Königin die genetische Information einer unnatürlich großen Anzahl an Drohnen. Weil auf diese Weise jede Königin exakt die gleiche Verteilung des Spermas unterschiedlicher Drohnen erhält (väterliche Genetik ist somit nahezu ident), kann man auch den genetischen Wert der besamten Königinnen, auch von Vollgeschwisterköniginnen, besser vergleichen (Unterschiede entstehen dann nur mehr durch die unterschiedlichen Mütter). Mit gutem Drohnenmaterial und fleißiger Arbeit, unterstützt durch Helfer, welche die Drohnen einsammeln, kann ein Züchter bis zu fünfzig Königinnen am Tag instrumentell besamen.

Auf die Frage, ob es zwischen den instrumentell besamten Königinnen und den natürlich begatteten Königinnen Unterschiede gibt, kann man sagen, dass künstlich besamte Königinnen nicht schlechter sind als natürlich begattete, vorausgesetzt, die Besamung wurde mit einer ausreichenden Menge Sperma ordentlich durchgeführt. Künstlich besamte Königinnen werden allerdings nie so alt wie natürlich begattete Königinnen und sterben meist ein Jahr früher. Außerdem werden sie von den Völkern nach dem Zusetzen oft schwer angenommen. Seit 1946 führte ROBERTS vergleichende Studien anhand der Honigleistung an Völkern durch, wo die Königinnen instrumentell besamt wurden, und an solchen, wo sie natürlich begattet wurden.

Instrumentelle Besamung – Zusammenfassung

Dank der Arbeit der Wissenschaft und der Mitarbeit vieler Kollegen ist die instrumentelle Besamung heute mehr Imkern und Königinnenzüchtern zugänglich geworden. Die künstliche Besamung an sich ist damit nicht mehr das große Problem in der Königinnenzucht.

Um das Kapitel abzuschließen, möchte ich noch einmal die wichtigsten Forderungen zusammenfassen:

- Sauberhaltung und Hygiene des Besamungsraumes und aller Geräte und Instrumente, die mit dem Drohnensperma in Berührung kommen.
- Abnahme des Spermas ohne Schleim oder Hämolymphe. Das nimmt zweifellos die meiste Zeit in Anspruch und ist die heikelste Arbeit.
- Beim Zusetzen der Königinnen müssen alle erforderlichen Schutzmaßnahmen getroffen werden.

Man spart viel Zeit und viele Rückschläge, wenn man zuvor einen Besamungskurs in einem Institut oder bei einem Züchter belegt hat.

Königinnenzucht – Zusammenfassung

Eine Kurzbeschreibung kann niemals Anspruch auf Vollständigkeit erheben. Dennoch ist zu hoffen, dass beide, Amateur wie auch Berufsimker, einige nützliche Informationen, bzw. hilfreiche Hinweise für eine erfolgreiche Königinnenzucht bekommen haben.

Wir haben gesehen, dass diese Arbeit tatsächlich einfach ist und aus einer Menge von Einzelschritten besteht, von denen jeder einzelne gleich wichtig ist. Obgleich die Königinnenzucht an sich einfach ist, wenn man sich an das „Rezept" hält, ist die Erreichung der richtigen Qualität der Königinnen schon wesentlich schwieriger.

Deshalb sollte man sich immer zuerst an folgende Hauptkriterien halten:

1. Auswahl der besten und nachzuchtwürdigen Zuchtvölker.
2. Die Pflegebienen müssen während der Aufzucht einen Überfluss an Pollen und Futter besitzen.
3. Die umgelarvten Maden sollen nicht älter als 12 Stunden sein.
4. Die Zeit zwischen dem Umlarven und der Zugabe in den Starter (Anbrüter) muss so kurz wie möglich sein.
5. Die Finisher (Pflegevölker) müssen überstark sein.
6. Ein leichter Futterstrom sollte in regelmäßigen Abständen vorhanden sein.
7. Die Belegstellen für die Begattung der Königinnen müssen ausreichend ausgesuchte Drohnenvölker besitzen.
8. Die Begattungsvölkchen müssen viele Jungbienen und reichlich Futtervorräte haben.

Wenn man nur wenige Königinnen züchtet, ist die Schwarmzeit, während der in der Regel auch Tracht herrscht, günstig. Es ist immer ratsam, wenn dabei alle Vorgänge so nah wie möglich an den natürlichen Ablauf im Bienenvolk angepasst werden. Professionelle Königinnenzüchter können sich nicht an solch günstige Jahreszeiten halten, sondern müssen das durch künstliche Methoden, speziell durch zusätzliche Fütterungen von Honig und Pollen, ausgleichen.

Die Zufütterung von Proteinen spielt bei Honigproduzenten und Züchtern für das kommende Jahr zweifellos eine wichtige Rolle. Pollenmangel schwächt die Völker und lässt sie noch eher ein Opfer der Varroa werden. Überdies

Zucht wird auch in anderen Ländern betrieben, wie hier in Afrika. Auch dort ist den meisten Imkern bekannt, dass nur durch gezielte Selektion hohe Honigerträge zu erwarten sind. *(Foto: Gilles Fert)*

werden sie auch anfälliger für andere Parasiten, die ihr Leben verkürzen. Nur durch die Erhaltung einer starken Population mit einer jungen und ausgewählten Königin können solche negativen Umstände wirksam vermieden werden.

Nach allem, was gesagt wurde, sollte klar sein, dass ein Zuchtprogramm nur dann erfolgreich ist, wenn die Selektion sehr ernsthaft über mehrere Jahre erfolgte. Königinnenzucht ist immer eine lohnende Maßnahme, schon alleine hinsichtlich der Schwarmverhinderung, denn das Schwärmen ist für viele Imker immer noch ein echtes Problem, weil dadurch die Ernte geschmälert ist.

Zucht und Königinnenerneuerung sind deshalb wichtige Bestandteile einer funktionierenden Imkerei. Aber diese Tätigkeit kann nicht durch allgemeine und einfache Rezepte gelöst werden, denn die qualitative Zuchtarbeit ist nie endend und erfordert in der Imkerei eine besondere Disziplin, die jedoch ohne Zusammenarbeit mit der Wissenschaft niemals zu guten Ergebnissen führen wird.

Drohnenvölker auf der Belegstelle der Imkerei Stocker in der Steiermark, Österreich
(Foto: Klaus Nowottnick)

Auf der Inselbelegstelle Juist sind die Drohnenvölker zu Dreiergruppen zwischen den Begattungskästchen über das gesamte Areal aufgestellt. (Foto: Hans Stöckli)

Erstellung von Paketbienen (Kunstschwärme)

In vielen Teilen der Welt werden schon seit Jahren Paketbienen für die Besiedelung von Beuten und Begattungskästchen verwendet oder einfach zum Ausgleich verlorener oder zu schwacher Völker hinzugekauft. Königinnenzüchter können es sich oft nicht vorstellen, ohne diese Paketbienen auszukommen, weil sie Zeit sparen und die Rate der Annahme von Königinnen verbessert wird. Paketbienen sind auch eine unverzichtbare Ergänzung für die Königinnenzucht und oft werden beide Produkte gemeinsam vermarktet.

Die Bezeichnung „Paketbienen" weist auf einen Kunstschwarm hin, der auch oft „nackter Schwarm" genannt wird. Ein Paket Bienen besteht in der Regel aus 1 bis 1 ½ kg Bienen aus jeweils einem oder mehreren Völkern. Werden Paketbienen verkauft, kommen sie in einen speziellen Kasten, der rundherum durch ein Drahtgitter für eine gute Belüftung sorgt. Dauert der Transport länger als ein paar Stunden, müssen die Paketbienen etwas Futter bekommen. Die Königin ist in einem speziellen kleinen Käfig untergebracht. In dem Kasten gibt es weder Brut noch Waben. Das vereinfacht auch die Varroabehandlung. Paketbienen haben den Vorteil, dass sie sich, im Gegensatz zu Völkern auf Wabenbau mit Brut und Futtervorräten, viel leichter transportieren lassen.

Die notwendigen Geräte

Sollen nur wenige Pakete erstellt werden, reicht ein Trichter aus, um die Bienen von den Waben in die Transportkästen zu fegen bzw. zu schütteln. Zuvor muss allerdings die Königin gefunden und sichergestellt werden. Ganz anders erfolgt die Herstellung der Paketbienen in einer Berufsimkerei, wo Dutzende Kilogramm Bienen benötigt werden.

Das ist auch der Grund, warum Züchter dafür eine sehr rationelle Methode entwickelt haben. Sie verwenden einen Sammelbehälter, der mit einem Lüftungsgitter verkleidet ist und auf den zur Befüllung ein Metalltrichter kommt. Die Sammelbehälter besitzen die gleichen Maße wie die in der Imkerei verwendeten Beuten. Der Sammelbehälter kann an allen Seiten Drahtgitter haben, vorzugsweise eignet sich aber dazu an der Oberseite perforiertes Aluminium, weil es mehr Stabilität bringt. Der Boden hingegen kann aus Holz oder ähnlichem Material gefertigt sein.

Der Sammelbehälter mit Trichter und Gestell gestattet ein rationelles Arbeiten bei der Erstellung von Paketbienen.
(Foto: Gilles Fert)

Der Käfig hat zwei Öffnungen. Eine oben, genau angepasst an den Durchmesser des Trichterstutzens, und eine zweite in einer Ecke, die mit einer kleinen Tür versehen ist, von wo man die Transportkästchen befüllen kann. Der Trichter ist aus Metall gefertigt, durch den die Bienen leicht nach unten in den Kasten rutschen. Er muss bequem auf das Oberteil das Sammelbehälters passen und stabil genug sein, um auch eine volle Magazinzarge tragen zu können, die dort abgeschüttelt wird. Der Raum zwischen Trichter und aufgesetzter Zarge ist an den Ecken mit kleinen Klötzchen ausgestattet, um Bienenquetschungen zu vermeiden.

Ein Absperrgitter komplettiert schließlich die notwendigen Gerätschaften. Dabei ist ein Metallabsperrgitter einem Plastikgitter vorzuziehen, weil die Bienen offensichtlich leichter hindurchgehen können und weil es stabiler ist. Selbstverständlich sollte das Absperrgitter unbeschädigt sein. Deshalb ist es besser, sich vorher noch einmal von dessen Zustand zu überzeugen, damit die Königin später nicht hindurchschlüpfen kann. In diesem Fall würde sie mit den Bienen in den Sammelkasten gelangen, was die Arbeit zunichtemachen und der neu zugesetzten Königin das Leben kosten würde. Abhängig von der Menge der Bienen, die benötigt werden, sind nun eine oder mehrere Magazinzargen vorzubereiten. In den Zargen sollten nur 6 oder 7 Rahmen mit Mittelwänden oder trockenen Waben ohne Futter sein. Leere Waben lassen sich leichter transportieren und brechen nicht so leicht, wenn sie abgeschlagen werden. Außerdem würden die Bienen durch den Honig aus zerbrochenen Waben verkleben. Durch die wenigen Waben in der Zarge entsteht ein größerer Zwischenraum und es sitzen mehr Bienen auf jeder Wabe. Statt der Mittelwände oder der ausgebauten Waben kann man die Rähmchen auch beiderseits mit Drahtgitter (Maschenweite 7 mm) betackern. Dadurch finden die Bienen, die aus den unteren Räumen des Magazins nach oben kommen, um sich zu sammeln, mehr Halt. Die auf diese Weise präparierten Rähmchen kann man viele Jahre nutzen.

Vorbereitung der Völker

Die Völker, denen die Bienen entnommen werden, müssen sehr stark und regelmäßig gegen die Varroa behandelt worden sein. Einige Bienenrassen eignen sich besonders für die Gewinnung von Paketbienen. Das betrifft insbesondere die Italiener-Bienen und deren Hybriden, weil sie schon sehr zeitig in der Saison viel Brut aufziehen. Aber man kann auch mit anderen Bienenrassen, z. B. auch mit der *Apis mellifera mellifera*, Paketbienen erstellen, wenn die Völker etwa 5 bis 6 Wochen vor der Bienenentnahme in regelmäßigen Abständen mit Reizfutter (Zuckerlösung 1:1) stimuliert wurden. Zu Beginn der Saison sollte man die Fütterung außerdem durch Zugabe von Proteinen (Eiweiß) in Form von Zuckerteigfladen, die mit frischen Pollen hergestellt wurden, ergänzen. Der frische Pollen wurde hierfür schon im Vorjahr gesammelt und anschließend sofort tiefgefroren. Ersatzstoffe können Brauereihefe oder Sojamehl sein. Diese Maßnahmen werden die Entwicklung der Völker sehr beschleunigen.

Bienenentnahme

Die Bienen entnimmt man an einem schönen Flugtag, wenn die meisten Sammelbienen auf Trachtflug sind. Das ergibt Sinn, weil junge Bienen noch länger leben und die Brut und die Königin wesentlich besser pflegen als Flugbienen und sie auch weniger aggressiv sind. Dieser Punkt trifft insbesondere bei der Herstellung von Paketbienen mit der schwarzen *Apis mellifera mellifera* zu, da sie durch solche Arbeiten leicht aggressiv wird.

Die Bienen werden durch Abtrommeln in die obere Zarge gedrängt.
(Foto: Gilles Fert)

Das Absperrgitter wird zwischen der unteren Zarge und der speziell vorbereiteten oberen Zarge der Beute platziert, in der sich die gitterbespannten Rahmen oder die mit Mittelwänden bzw. trockenem Wabenbau ausgefüllten Rähmchen befinden. Dann wird der Deckel umgedreht und beim Auflegen ein Spalt von 1 oder 2 cm gelassen, auf der gleichen Seite, wo sich auch der Beuteneingang unten befindet. Diese Öffnung ist wichtig, damit der Rauch komplett abziehen kann und die Bienen nicht nach unten ziehen. Zuerst wird tüchtig Rauch von unten in die Beute gegeben. Der Rauch muss aber so kühl wie möglich sein. Anschließend werden die nächsten 5 oder 6 Beuten auf die gleiche Weise behandelt, um Bienen zu entnehmen. Immer noch Rauch zuführend, wird schließlich mit

Innerhalb weniger Minuten sind einige Kilogramm Bienen „geerntet" worden.
(Foto: Gilles Fert)

Bienen aus mehreren Völkern befinden sich in dem Sammelbehälter.
(Foto: Gilles Fert)

einem Stockmeisel, einem Knüppel oder besser noch mit der flachen Hand an die Außenwände der unteren Zarge getrommelt. Nach ein paar Minuten haben sich die Bienen die Honigblasen gefüllt, wie sie es tun, bevor sie ausschwärmen, und ziehen in die obere Zarge. Sind genügend Bienen nach oben gegangen, wird diese Zarge auf den speziellen Trichter des Sammelkastens gestellt und die Bienen durch Schütteln und Klopfen in den Trichter befördert, von wo sie in den Sammelkasten fallen.

Bevor man die Beute verschließt, aus der eben die Bienen entnommen wurden, muss erst nach der Königin geschaut werden. Nach den starken Rauchgaben befindet sie sich oft mit den Drohnen unter dem Absperrgitter. Von dort kann sie aber nicht nach außen entweichen. Bevor das Absperrgitter wieder beim nächsten Volk verwendet wird, müssen die ansitzenden Bienen und die eventuell auch ansitzende Königin über dem Volk abgestoßen werden. Bei der eben beschriebenen Verfahrensweise werden Bienen aus unterschiedlichen Völkern zusammen in einen Kasten gebracht. Das größte Risiko bei der Bildung zu großer Bienenansammlungen besteht darin, dass sie nicht ausreichend Luft bekommen. Deshalb empfehlen wir, dass die zusammengeführte Bienenmenge nicht mehr als ein Drittel des Sammelkastens füllen soll.

Das sind etwa 6 kg Bienen. Ein Erstickungstod der Bienen kann bei einer zu großen Masse an Bienen, vor allem bei sommerlichen Temperaturen, nämlich sehr rasch eintreten. In jedem Fall ist es wichtig, die gesammelten Bienen an Ort und Stelle in die vorbereiteten Transportkisten zu je 1 kg, 1 1/2 kg oder 2 kg umzufüllen, sobald die 6 kg im Sammelkasten erreicht sind. Die Transportkisten müssen danach im Schatten unter Bäumen aufgestellt werden. Zum Höhepunkt der Bienensaison ist es gestattet, sehr starken Völkern die Hälfte der Bienen zu entnehmen, denn die meisten Sammelbienen sind unterwegs und sichern am Ende des Tages die Brut vor einer Verkühlung.

Ist die Arbeit getan, sollte man die Völker unbedingt füttern, um den Verlust der entnommenen Bienen etwas zu kompensieren und der verbliebenen Population das Warmhalten der Brut zu erleichtern sowie einer Stresssituation entgegenzuwirken.

Transport

Werden die erstellten Bienenpakete für eigene betriebliche Zwecke benötigt und transportiert, so braucht man sie nicht in die Transportkäfige zu geben. Stattdessen nimmt man je eine Magazinzarge, stellt diese auf ein Lüftungsgitter und obenauf kommt der Innendeckel oder, wenn vorhanden, ein Wanderdeckel mit einem Lüftungsgitter. Zuvor erhalten die Zargen fünf leere, aber ausgebaute Waben, die durch einen besonders konstruierten Abstandshalter auf Distanz zueinander gehalten werden und in denen die Bienen ihren restlichen Honigvorrat ablegen können. Dadurch entsteht viel Raum für die Bienen und sie können sich dort zu einer festen Traube zusammenziehen. Unter diesen Bedingungen und abhängig von der Tracht können 5 bis 7 kg Bienen in einer Zarge untergebracht werden. Die Zargen müssen gut vor der Sonne geschützt werden und innerhalb des Transportfahrzeuges ist für eine ausreichende Belüftung zu sorgen.

Es kann nicht eindringlich genug darauf verwiesen werden, dass eine mangelnde Luftzufuhr zu einem plötzlichen Tod der Bienen während des Transportes führen kann, speziell, wenn eine Tracht im Gange ist.

Verwendung der Bienen

Ehe die seitliche Öffnung des Sammelkastens geöffnet wird, um die Bienen herauszulassen, ist es wichtig, diese mit einem Wassernebel durch das Gitter leicht zu befeuchten, um ein Abfliegen zu vermeiden. Auf keinen Fall sollte man Zuckerlösung verwenden, da dies eine Räuberei auslösen würde.

Die Bienen sollte man auf einem Standort verwenden, der mindestens 5 bis 6 km von den geschröpften Völkern entfernt ist.

Falls es erforderlich ist, die Menge der Bienen zu wiegen, z. B. für die Besiedelung der Begattungskästchen, sollten sie zuerst in einen anderen mit einem Lüftungsgitter verkleideten Kasten gefüllt werden, wo sie erneut mit einem Wassernebel befeuchtet werden.

Auf diese Weise zusammengestellte Bieneneinheiten fühlen sich rasch weisellos und nehmen aus diesem Grund die Weiselzellen oder

Ein spezieller Abstandshalter hält die Rähmchen während des Transportes auf Distanz.

(Fotos: Gilles Fert)

Ein feiner Wassernebel ist oft ein unverzichtbares und wichtiges Werkzeug bei der Erstellung und Verarbeitung von Paketbienen.

Mit einem feinen Wassernebel befeuchtete Bienen können nicht mehr herum- und wegfliegen und ersparen manchen Stress des Imkers.
(Foto: Gilles Fert)

Die Menge der benötigten Bienen für neu zu erstellende Begattungsvölkchen wird mit der Anzahl der Schöpfkellen gemessen.
(Foto: Gilles Fert)

jungen Königinnen, die zur gleichen Zeit wie die Bienen in den Kasten kommen, gut an.

Für einen 5-Waben-Kasten empfehle ich 700 bis 800 g Bienen. Der 5-Waben-Kasten sollte vor der Bienenfüllung schon zwei ausgebaute Waben mit Honig und Pollen, zwei Leerwaben und eine Mittelwand erhalten haben. Außerdem legt man vorzugsweise einen 1 kg schweren Futterteigfladen, der auch Eiweiß enthält, in den Kasten. Sind diese Minibeuten oder Begattungskästchen mit Bienen besetzt, kommen sie vorerst für 1 bis 2 Tage an einen kühlen Platz im Keller, bis die Königin geschlüpft ist. Danach werden die Begattungskästen zur Belegstelle gebracht, die sich außerhalb des Flugkreises der Spendervölker befindet, damit die Bienen nicht zurückfliegen. Soweit wie möglich sollten sich auf dem unmittelbaren Standort der Begattungsableger keine Völker mit begatteten Königinnen befinden, da sonst die Gefahr einer Räuberei besteht, der die kleinen Völkchen zum Opfer fallen könnten. Anschließend werden sie gefüttert, vorzugsweise einen Abend nach der Aufstellung auf der Belegstelle. **Es ist bekannt, dass die beste Zeit für die weitere Zuchtarbeit an den Begattungsvölkchen, z. B. erneute Beweiselung, Zugabe der Weiselzellen usw., der Abend ist.**

Sind die Bienen für den Verkauf als Paketbienen bestimmt, werden aus dem Sammelkasten heraus die Transportboxen über einen Trichter befüllt. Diese Versandkästen können 1,5 kg Bienen fassen, das sind 10.000 bis 15.000 Arbeitsbienen. Der Futterbehälter wird für den Transport mit Zuckerteig gefüllt. Das reicht für mehrere Tage zum Überleben. Wenn der Imker solche Bienenpakete erhält, sollte er eine warme Zuckerlösung (1:1) auf das Drahtgitter sprühen und anschließend die Kästen in einem dunklen Raum bei 10 bis 16 °C abstellen. Damit sich nicht zu viele Bienen verfliegen, ist es empfehlenswert, sie am späteren Abend aus den Transportkästen in Ablegerkästen oder Beuten einzuschlagen. Nun werden die Königinnen ohne Begleitbienen in die mit Futterteigstöpseln verschlossenen Zusetzkäfige gegeben. Die Königin Königin klettert nach ein paar Tagen, wenn die Arbeiterinnen den Zuckerteig ausgefressen haben, aus dem Käfig in den Schwarm. Die Fluglöcher werden auf 1 bis

Für einen 5-Waben-Kasten werden 700 bis 800 Gramm Bienen benötigt. (Foto: Gilles Fert)

Mit Bienen gefüllte Transportkästen sind fertig für den Versand an die Kunden. (Foto: Gilles Fert)

2 cm eingeengt, um eine Räuberei zu vermeiden, die immer gegenwärtig sein kann, insbesondere, wenn gefüttert wird.

Paketbienen – Zusammenfassung

Probleme

Die Technik zur Bildung von Paketbienen führt manchmal dazu, dass die Bienen sehr aggressiv werden, insbesondere die schwarze *A. m. mellifera*. Während einer Tracht ist das Risiko, dass die Bienen ersticken, sehr groß, wenn der Sammelkasten nicht ausreichend belüftet ist und die Bienen nicht rasch genug auf kleinere Kästen mit Lüftungsgittern aufgeteilt werden.
Zu Beginn der Saison kann es unter den „schwarzen“ Königinnen (*A. m. mellifera*) zu Ausfällen durch Tod kommen, aber das ist nicht die Regel.

Vorteile

- Diese Methode macht es möglich, sehr schnell eine große Menge junger Bienen zusammenzutragen, ohne besonders nach der Königin suchen zu müssen.
- Die Paketbienen besitzen keine Drohnen – ein wichtiger Umstand bei der Besiedelung der Begattungskästchen und deren Aufstellung auf Belegstellen, wo die Drohnen durch die aufgestellten und ausgesuchten Drohnenvölker gestellt werden.
- Das Messen der Menge angefeuchteter Bienen für die Begattungskästen oder Transportboxen ist einfacher.
- Das Fehlen von Brut bedeutet, dass die Behandlung der Varroa einfacher und effektiver ist.
- Paketbienen nehmen Weiselzellen und Königinnen leichter an.
- Die rasche Entnahme von Bienen aus den Völkern ist hilfreich bei einer eventuell erforderlichen Schwarmprävention.
- Die Vitalität der Paketbienen ist vergleichbar mit jener von natürlichen Schwärmen, nachdem sie in die Beute eingeschlagen wurden.

Ein Transportkasten für Paketbienen.
Ein solcher Kasten fasst bis zu 1,5 kg Bienen.

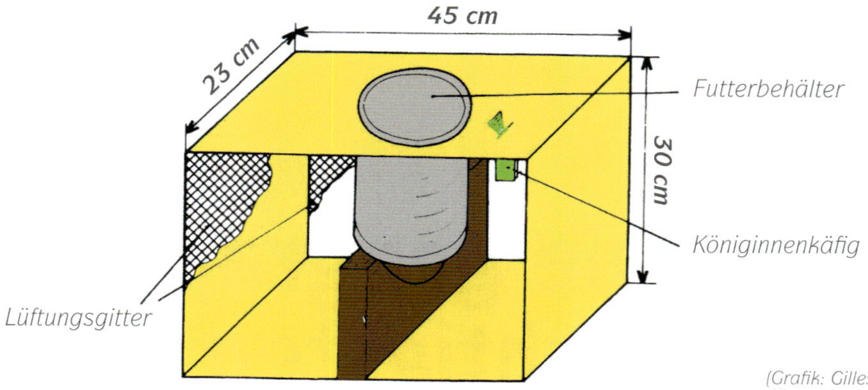

(Grafik: Gilles Fert/ Klaus Nowottnick)

Erstellung von Paketbienen. (Foto: Gilles Fert)

Die geographisch wichtigsten Bienenrassen

Die moderne Bienenhaltung, die mit immer geringeren Kosten auskommen muss, um zu überleben, erfordert professionell arbeitende Imker, die das Verhalten der Bienen beobachten und Vergleiche mit anderen geographischen Rassen anstellen.

Heutzutage kann unsere Honigbiene *Apis mellifera* fast überall, vom hohen Norden bis zum Kap der guten Hoffnung, wegen ihrer hohen Leistung angetroffen werden.

In jeder Bienensaison werden Millionen von Königinnen auf dem Postweg als Antwort auf den steigenden Bedarf der honigproduzierenden Großbetriebe transportiert. Ungefähr 50 % der angelsächsischen Imker kaufen ausgesuchte Königinnen von Königinnenzüchtern. In den USA werden jährlich ca. 2 Millionen Königinnen produziert. Auch in Frankreich praktizieren immer mehr Imker die Auslese und Zucht. Die meisten dieser Königinnen gehören den lokalen Rassen an, aber einige Imker beziehen auch fremde Rassen und deren Kreuzungen mit ein. Professionelle Zucht, das heißt Zucht mithilfe einer internationalen Zuchtwertschätzung, wird jedoch weltweit fast ausschließlich in Deutschland und Österreich praktiziert. An diese Zuchtpopulation und Zuchtwertschätzung angeschlossen (Beebreed) sind zurzeit (2024) die Länder Schweiz, Südtirol, Norwegen, Ukraine, Belgien, Niederlande, Frankreich und Schweden.

Die wichtigsten Auswahlkriterien hierzu sind:

- Die Honigproduktion
- Die Varroa-Abwehr
- Die Widerstandskraft gegenüber Krankheiten
- Die Sanftmut
- Die Überwinterungsfähigkeit
- Die Schwarmträgheit
- Der Preis der Königinnen

Verwendete geographische Rassen

Apis mellifera mellifera L. (Dunkle Biene)

Diese Bienenrasse wird in Frankreich am meisten gehalten. Dort, wo das Gebiet nicht durch fremde Rassen genetisch beeinflusst ist, haben sich diese Bienen sehr gut an ihr Umfeld angepasst und sind nicht degeneriert.

Dunkle oder schwarze Biene

Zu den Vorteilen zählen:

- Ihre Widerstandsfähigkeit
- Ihre Resistenz gegenüber bestimmten Krankheiten und Schädlingen
- Ihre problemfreie Überwinterung
- Ihre Anpassungsfähigkeit

Zu ihren Nachteilen zählen:

- Die Schwarmtendenz mancher Ökotypen
- Die mangelnde Wabenstetigkeit
- Die ständige Aggressivität
- Der kurze Rüssel (6,3 mm) führt dazu, dass z. B.Trachten aus der Akazie und der Luzerne weniger gut genutzt werden können.
- Ein Volk akzeptiert während der Sonnenblumen- und Lavendeltracht nur schwer eine neue Königin.

Apis mellifera ligustica L. (Italienische Biene)

Sie hat – ob in reiner oder gekreuzter Form – die größte Verbreitung bei den Bienenzüchtern der Neuen Welt gefunden. Zum Beispiel repräsentiert sie 75,3 % des australischen Völkerbestandes, gefolgt von 11,2 % kaukasischen Bienenvölkern und 1,4 % Carnica-Völkern. In Frankreich wird sie von 19,4 % aller Imker bevorzugt. Zudem erscheint sie in 39,7 % aller Kreuzungen (F. JÉANNE). Nachdem man vor ungefähr 20 Jahren in China begonnen hat, die Italiener-Biene zu bewirtschaften, hat sie inzwischen die einheimische *Apis cerana* sehr stark verdrängt. Auch für die Weiselfuttersafterzeugung eignet sich diese Biene vorzüglich. Sie wird deshalb in vielen Ländern Ostasiens dafür eingesetzt.

1950 begannen die Imker in Israel systematisch, die einheimische Biene *Apis mellifera syriaca* gegen die Italiener-Biene auszutauschen. Seitdem ist es ihnen möglich, durchschnittliche Honigernten von über 50 kg pro Volk zu erzielen und gleichzeitig den Arbeitsaufwand zu verringern (ROSENTHAL, 1986). Von allen Bienenrassen in Europa besitzt die Italiener-Biene das kleinste Ursprungsgebiet ihrer natürlichen Verbreitung, eingegrenzt durch die Alpen und das Mittelmeer als natürliche Barrieren.

Die Vorzüge dieser Bienen sind:

- Sanftmütigkeit
- Sehr brutfreudig (die ideale Biene für die Paketbienenerstellung)
- Sehr früher Brutbeginn

Nachteilig sind:

- Ihre Tendenz zu räubern
- Ihre Anfälligkeit gegenüber Krankheiten
- Keine Winterfestigkeit, weshalb sie auch in kalten Klimazonen nicht vorkommt.
- Ihre Tendenz, sich zu verfliegen

Kreuzungen mit *A. m. mellifera*-Drohnen führen zu hoher Aggressivität.

Apis mellifera caucasica G. (Kaukasische Biene)

Diese Biene stammt aus dem Kaukasusgebirge und besitzt viele Vorzüge. Sie ist keine „spektakuläre" Biene, aber sie sammelt während der Saison respektable Mengen an Honig bei einem Minimum an Aufwand für den Imker. Ihre Farbe ist kein Bestimmungsfaktor für die Rasse. Sie ist überwiegend grau. In Armenien findet man sogar Bienen dieser Rasse von fast gelber Farbe. GERSTACKER nannte sie *Apis mellifera remipes*. Die Langlebigkeit der Kaukasischen Bienen ist bemerkenswert und stellt einen großen Unterschied zu den anderen Rassen dar.

Die Vorzüge dieser Bienenrasse sind:

- Ihre Sanftmütigkeit
- Ihr früher Brutbeginn
- Ihr langer Rüssel (7 mm), mit dem sie besser den Nektar der Akazie und der Luzerne aufnehmen kann

Italienische Biene

Kaukasische Biene

- Ihr hoher Propolisierungsdrang
- Ihre problemlose Überwinterung

Nachteilig sind:

- Sie propolisiert manchmal zu stark und bereitet dem Imker dadurch Schwierigkeiten beim Öffnen der Beute und der Entnahme der Rähmchen.
- Sehr nosemaanfällig
- Sie ist sehr unruhig und fliegt sehr leicht auf.

Apis mellifera carnica P. (Carnica-Biene)

Die Carnica stammt ursprünglich von der Balkanhalbinsel. DNA-Analysen zeigten, dass sie mit der Italiener-Biene ziemlich nahe verwandt ist, trotz ihrer biologischen Unterschiede.

Ihre Farbe gleicht der kaukasischen Biene und die Drohnen sind schwarz mit grauen Brusthaaren.

Ihre Vorzüge sind:

- Sie passt sich jedem Klima an
- Sie nutzt jedes Trachtangebot aus Nektar- oder Honigtautrachten
- Sie ist teilweise eine sehr sanftmütige Biene, die auch in dichtbesiedelten Gebieten gehalten werden kann.
- Sie hat eine sehr schnelle Frühjahrsentwicklung.
- Sie überwintert gut und stellt die Brut teilweise ganz ein bzw. schränkt sie manchmal in Gebirgsregionen bis zu 6 Monaten stark ein.
- Sie lagert das Futter nahe der Brut ab.
- Die Eiablage orientiert sich nach dem Trachtangebot.
- Sie verfliegt sich kaum.
- Sie propolisiert sehr wenig.
- Sie ist weniger empfänglich für Brutkrankheiten.
- Sie besitzt von allen *Apis-mellifera*-Unterarten die höchste Varroa-Abwehr (wissenschaftlich erwiesen). Ihre Varroa-Abwehr ist auch höher, als die der Buckfast (wissenschaftlich erwiesen).

Die Nachteile sind:

- Sie hat teilweise einen ausgeprägten Schwarmtrieb.
- Während eines Trachtmangels zeigt sie einen stärkeren Drang zum Räubern.
- Ihr Bautrieb ist nicht so groß wie bei den vorgenannten Rassen.

Das Einkreuzen von *Carnica*-Drohnen in andere Rassen führt zu teilweise sehr guten Ergebnissen. Andererseits ergeben Kreuzungen zwischen *Carnica*-Königinnen und Drohnen der *A. m. mellifera* sehr schwarmfreudige Bienen.

Die angelsächsichen Länder verwenden immer mehr *Carnica*-Genetik in ihren Kreuzungszuchten.

Kärntner Biene

Kreuzungszucht

Die meisten der vorgenannten geographischen Rassen werden in Kreuzungszuchten verwendet. Der Hybrideffekt oder Heterosieeffekt, den man dadurch erreicht, erlaubt eine zusätzliche Leistungssteigerung in der ersten Generation. Und das ist genau das Problem eines Hybridens, weil ein über einen längeren Zeitraum entwickelter Hybrid aus einigen Unterarten den Heterosiseffekt nicht mehr vollständig ausnützen kann. Das ist nur möglich, wenn man zwei Unterarten miteinander kreuzt. **Die bekannteste Hybridbiene ist zweifelsohne die Buckfast-Biene.** Diese Rasse wurde von Bruder Adam gezüchtet und besitzt die Charakteristiken der Ligustica- und Mellifera-Bienen. In der Folgezeit wurden noch andere Rassern, wie z. B. die Sahariensis und die Carnica, eingekreuzt. In Frankreich, insbesondere im Osten und Norden des Landes, arbeiten nur 14,4 % der Imker mit der Buckfast-Biene. Im IMKERFREUND (6/94) wurden Buckfast-Bienen mit Carnica-Bienen verglichen. Das Ergebnis dieses Tests zeigte, dass beide Bienenrassen die gleiche Honigleistung brachten. Überdies ist die Überwinterung der Carnica viel einfacher als die der Buckfast.

In Australien haben sich 11,9 % der Imker entschlossen, mit Kreuzungen zu arbeiten. Die bekannteste Kreuzung ist die Ligustica x Caucasica und umgekehrt, weil es dabei kleine Verhaltensunterschiede gibt.

In Israel bewies C. ROSENTHAL, dass Kreuzungsprodukte der Bienen 20 bis 40 % mehr Honig produzierten als die reinen Ligustica-Bienen. Sie erklärte dazu weiter, dass es bei den Ligustica-Völkern ca. 66 % einer unkontrollierten Königinnenerneuerung gab, während dieser Wert bei dem Kreuzungsprodukt Ligustica x Caucasica nur 17 % betrug und 0 % bei Kreuzungen zwischen der Caucasica x Ligustica.

In Frankreich haben sich 39,7 % der Imker für die Arbeit mit Kreuzungszuchten entschieden. Produzenten von Weiselfuttersaft (Gelée Royale) verwenden die Kreuzungen Caucasica x Ligustica oder Ligustica x Caucasica. Die Honigproduzenten der Gebirgsregionen ziehen die Kreuzungen von Caucasica x Mellifera vor, weil diese leicht nachzuziehen sind, eine hohe Winterfestigkeit besitzen und Bienen mit vielen guten Eigenschaften hervorbringen. Die Kreuzung Buckfast x Mellifera ist sehr erfolgreich in kultivierten Gebieten mit Sonnenblumenanbau.

Literatur-verzeichnis

Adam, Brother	(1980)	IN SEARCH OF THE BEST STRAIN OF BEES
Adam, Bruder	(1982)	ZÜCHTUNG DER HONIGBIENE Delta Verlag St. Augustin
Alley, H.	(1883)	THE BEEKEEPERS HANDY BOOK, OR TWENTY YEARS EXPERIENCES IN QUEEN REARING Published by the author, Wenham, Mass.
Anderson, E. J.	(1955)	A TWO QUEEN SYSTEM IN ONE HIVE BODY American Bee Journal 95 (8): S. 310–312
Autorenkollektiv	(1972)	PAARUNGSKONTROLLE UND SELEKTION BEI DER HONIGBIENE Apimondia Verlag Bukarest
Autorenkollektiv	(2012)	DAS SCHWEIZERISCHE BIENENBUCH VDRB Appenzell, Schweiz
Belin, H.	(1984)	Bull. Int. ANERCA
Bentley, R.	(1960)	INCREASE WITH QUEEN REARING American Be Journal 100 (5): S. 190–191
Bilash, G. D.	(1962)	CONDITIONS OF QUEEN REARING AND THE INHERITANCE OF CHARACTERS IN BEES Pschelovotsvo 39 (4): S. 9–11
Böttcher, F.-K., Hirschfelder, H., Weiss, K.	(1967)	DIE TÄTIGKEIT DER BAYERISCHEN LANDESANSTALT FÜR BIENENZUCHT IN ERLANGEN Imkerfreund, 22, S. 69–77

Böttcher, F.-K. (1985) BIENENZUCHT ALS ERWERB
Ehrenwirth Verlag GmbH München

Bruneau, E. et. al. (1991) DOSSIER "La Sélection"
Cahir du C.A.R.I. 18 (1): S. 5–22

Büdel, A., Herold, E. (1960) BIENEN UND BIENENZUCHT
Ehrenwirth Verlag GmbH München

Cook, Vince (1986) QUEEN REARING SIMPLIFIED
British Bee Publications Ltd, Geddington

Cook, V. A. (1963) USING THE BEE COLONY FOR QUEEN CELL RAISING WITHOUT HONEY PRODUCTION
New Zealand Journal in Agriculture 107 (4)

Cornuet, J. M. (1982) PLAN DE SéLECTION SIMPLIFIÈ POUR LÀMéLIORATION DE LA PRODUCTION DE MIEL
Bull. Tech. Apic. 8 (1): S. 13–18

Davis, J. L. (1874) DAVIS TRANSPOSITION PROCESS
Gleanings in Bee Culture (2): S. 107

Dietz, A. T., Wilbanks, T. W. (1983) INVESTIGATION ON LONG-TERM QUEEN STORAGE IN A CONFINED SYSTEM
Apiacta, 28 (3): S. 67–70

Doolittle, G. M. (1882) HOW I REAR MY QUEENS
American Bee Journal, 18 (29): S. 454–455

Doolittle, G. M. (1901) THE ABC OF BEE CULTURE (Qeen Rearing)
The A. I. Root Company, Medina Ohio

Doolittle, G. M. (1915) SCIENTIFIC QUEEN REARING
American Bee Journal, Hamilton

Fresnaye, J. (1975) LES MéTHODES D'éLEVAGE ET LA QUALITé DES REINES OBTENUES
Bull. Tech. Apic. 2 (2): S.15–30

Fresnaye, J. (1981) BIOMéTRIE DE L'ÀBEILLE OPIDA ed., Echauffour

Fresnaye, J., Jéanne, F.	(1976)	TECHNIQUES D'ÉLEVAGE DES REINES: LA GREFFAGE Bull. Tech. Apic. 3 (1): S. 45–46
Garnery, L.	(1994)	Bull. Int. ANERCEA
Giovenazzo, P.	(1992)	STACHAGE ET HIVERNAGE DES REINES, F. T. 2 1 14 Bull. Tech. Apic. 19 (3–4): S. 139–144
Hubert, F.	(1914)	NEW OBSERVATIONS UPON BEES American Bee Journal
Jéanne, F.	(1975)	LES STATIONS DE FéCONDATION, F. T. 2 8 10 Bull. Tech. Apic. 2 (2): S. 35–36
Jéanne, F.	(1991)	TECHNIQUE D'éLEVAGE DES REINES, F. T. 2 1 10 Bull. Tech. Apic. 18 (2): S. 109–116
Jéanne, F.	(1992)	INTRODUCTION DES REINES, F. T. 2 1 17 Bull. Tech. Apic. 19 (3–4): S. 145–150
Jéanne, F.	(1993)	LE GREFFAGE, F. T. 2 1 11 Bull. Tech. Apic. 20 (3): S. 131–134
Jéanne, F.	(1994)	FORMATION ET CONDUITE DES NUCLEI DE FéCONDATION, F. T. 2 1 12 Bull. Tech. Apic. 21 (2): S. 85–88
Jéanne, F.	(1994)	RECHERCHE D'UNE REINE DANS UNE RUCHE, F. T. 2 1 16 Bull. Tech. Apic. 21 (1): S. 33–60
Jéanne, F., Bocquet, M., Odoux, J. F., Peyvel, C.	(1995)	LE CHEPTEL APICOLE EN FRANCE Bull. Tech. Apic. 22 (2–3): S. 63–90
Jean-Prost, P.	(1979)	L'APICULTURE J.B. Baillière Ed., Paris
Johansson, T. S. K. & M. P.	(1978)	SOME IMPORTANT OPERATIONS IN THE BEE MANAGEMENT IBRA
Jordan, R.	(1953)	ZWEI-KÖNIGINNEN-ZUCHTMETHODEN IN WORT UND BILD

Kelley, W. T.	(1938)	HOW TO GROW QUEENS FOR 15 CENTS EACH Published by W. T. Kelley Co.
Kobel, F., Krieg, J.	(1968)	DIE RASSENZUCHT DER HONIGBIENE Verlag Sauerländer Aarau, Schweiz
Kurennoi, N. M.	(1953)	WHEN ARE THE DRONES SEXUALLY MATURE? Ptschelovotstvo 11, S. 28–32
Laidlaw, H. jr, Eckert, J. E.	(1950)	QUEEN REARING Dadant & Sons, Hamilton, Ill.
Laidlaw, Harry H. Jr.	(1977)	INSTRUMENTAL INSEMINATION OF HONEY BEE QUEENS Dadant & Sons, Hamilton, Ill.
Laidlaw, Harry H. Jr.	(1981)	CONTEMPORARY QUEEN REARING Dadant & Sons, Hamilton, Ill.
Langstroth, L. L.	(1853)	LANGSTROTH ON THE HIVE AND THE HONEY BEE Hopkins, Bridgman & Co., Northhampton
Larch, E. C.	(1876)	GRAFTING QUEEN CELLS Gleanings in Bee Culture 4 (3): S. 48
Liu, Ying-Shin, Jay. S. C.	(1975)	FIELD STUDIES OF QUEEN HONEY BEES REARED BY SMALL NUMBERS OF CAGED WORKER BEES Can. Ent. 107: S. 705–709
Louveaux, J.	(1973)	DUCOTE DES CHERCHEURS: A PROPOS DE LA PRODUCTION DU COUVAIN DE MALES Bul. Tech. Apic. 1(1): S. 15–16
Mackensen, O.	(1947)	EFFECT OF CARBON DIOXIDE ON INITIAL OVIPOSITION OF ARTIFICALLY INSÈMINATED AND VIRGIN QUEENS Journ. Econ. Ent. 40 (3): S. 344–349
Miller, C. C.	(1914)	FAILURE IN REARING QUEENS IN UPPER STORIES Gleanings in Bee Culture 42 (19): S. 775

Montagner, H. (1962) INFLUENCE DE LA TECHNIQUE DE DOUBLE GREFFAGE SUR DE DÈVELOPPEMENT DES REINES
Insectes sociaux 9 (1): S. 91–99

Moulis, B., Kefus, J. (1986) AGENCEMENT DES POSTES EN LABORATOIRE
Bull. Tech. Apic. 16 (2): S. 68 u. 209

Örösi-Pal, Z. (1952) KISÈRLETEK AZ ANYANEUCLÈS KÖRÈBOL

Perret-Maisonneuve, A. (1924) PRACTICAL QUEEN REARING
Bee World 6 (1): S. 1–2

Perret-Maisonneuve, A. (1933) L' APICULTURE INTENSIVE ET L'éLAVAGE DES REINES
Presses Universitaires de France ed., Paris

Peyvel, Ch. (1996) LES GRANDES RACES GéOGRAPHIQUES, F. T. 1 1 20
Bull. Tech. Apic.

Rauchfuss, F. G. (1921) SWARM CONTROL
Gleanings in Bee Culture 49 (5): S. 266–267 und 275

Roberts, W. C., Stanger, W. (1969) SURVEY OF PACKAGE BEE AND QUEEN INDUSTRY
American Bee Journal 109 (1): S. 8–11

Root, E. T. (1900) EDITORIAL
Gleanings in Bee Culture 28 (17): S. 694–695

Rothenbuhler, W. C. (1960) A TECHNIQUE FOR STUDYING GENETICS OF COLONY BEHAVIOR IN HONEY BEES
American Bee Journal, S. 100 u.176

Russier, N. (1986) COMPARAISON DE LA PRODUCTION DE MIEL DE L'ABEILLE NOIRE ET DE QUELQUES HYBRIDES INTERRACIAUX DANS LES PYRÈNÈES
D.E.A. Station d'Apidologie I. N. R. A.-Montfavet-Avignon

Ruttner, Friedrich	(1973)	ZUCHTTECHNIK UND ZUCHTAUSLESE BEI DER BIENE Ehrenwirth Verlag GmbH München
Ruttner, Friedrich	(1975)	DIE INSTRUMENTELLE BESAMUNG DER BIENENKÖNIGIN Apimondia Verlag Bukarest
Ruttner, Friedrich	(1976)	INSéMINATION ARTIFICIELLE DE LA D'ABEILLES Apimondia Verlag Bukarest
Ruttner, Friedrich	(1980)	KÖNIGINNENZUCHT Apimondia Verlag Bukarest
Schafferhans, F.	(1987)	INSTRUMENTELLE BESAMUNG DER BIENENKÖNIGINNEN – EIN BEITRAG ZUR VERBESSERUNG DER TECHNIK Vortrag zum Apimondia-Kongress 1987, Warschau
Schley, P.	(1987)	EINFÜHRUNG IN DIE TECHNIK DER INSTRUMENTELLEN BESAMUNG VON BIENENKÖNIGINNEN Gießen, 2. Auflage
Schley, P.	(1990)	EINFÜHRUNG IN DIE INSTRUMENTELLE BESAMUNG VON BIENENKÖNIGINNEN Selbstverlag Prof. Dr. Peter Schley, Pohlheim, 3. Auflage
Schaefer, C. W., Farrar, C. L.	(1941)	THE USE OF POLLEN TRAPS AND POLLEN SUPPLEMENTS IN DEVELOPING HONEY BEE COLONIES Public. USDA 531, rev. 1946
Smith, J.	(1933)	REARING YOUR OWN QUEENS American Bee Journal 73 (3): S. 93–94
Smith, M. V.	(1959)	QUEEN DIFFERENTIATION AND THE BIOLOGICAL TESTING OF ROYAL JELLY Cornell University Press N.Y.
Snelgrove, L. E.	(1949)	QUEEN REARING

Snodgrass, R. E. (1984) ANATOMY OF THE HONEYBEE
Comstock Publishing Associates
Ithaca and London

Szabo, T. I. (1978) QUEEN INTRODUCTION IN PUSH-CAGES AND MAILING CAGES
Journal Apicultural Res. 17 (1): S. 41–43

Taber, S. (1961) FORCEPS DESIGN FOR TRANSFERING HONEY BEE EGGS
J. econ. Ent. 54 (2): S. 247–250

Taber, S., Blum, M. S. (1960) PRESERVATION OF HONEY BEE SEMEN
Science 131(3415): S. 1734–1735

Taber, S. (1973) DRONES, THEIR VALUE TO YOU
American bee Journal (113): S. 302–304

Taber, S. (1987) BREEDING SUPER BEES
The A.I. Root Co.- Publishing house, Medina, Ohio

Tautz, Jürgen (2007) PHÄNOMEN HONIGBIENE
Elsevir GmbH, Spektrum Akademischer Verlag, Heidelberg

Tiesler, F.-K., Englert, E. (1989) AUFZUCHT, PAARUNG UND VERWERTUNG VON KÖNIGINNEN
Ehrenwirth Verlag GmbH München

Tiesler, F.-K. Bienefeld, K., Büchler, R. (2016) SELEKTION BEI DER HONIGBIENE
Druck- und Verlagshaus Buschhausen

Volosevich, A.P. (1954) AN EVALUATION OF QUEEN REARING METHODS
Ptchelovotstvo 8, S. 28–31

Weiß, K. (1988) ZUCHTPRAXIS
Ehrenwirth Verlag GmbH München

Woyke, J. (1979) ON THE RESULTS OF INSTRUMENTAL INSEMINATION EFFECTS OF THE ACCESS OF WORKER HONEY BEES TO THE QUEEN
J. Apic. Res. 18 (2): S. 136–143

Index

Aus unserem Programm

ISBN 978-3-7020-2092-7

ISBN 978-3-7020-1676-0

Leopold Stocker Verlag
Graz – Stuttgart
www.stocker-verlag.com

Aus unserem Programm

ISBN 978-3-7020-1132-1

ISBN 978-3-7020-1789-7

ISBN 978-3-7020-1628-9

ISBN 978-3-7020-1955-6

Leopold Stocker Verlag
Graz – Stuttgart
www.stocker-verlag.com

Aus unserem Programm

ISBN 978-3-7020-1718-7

ISBN 978-3-7020-1749-1

ISBN 978-3-7020-1589-3

ISBN 978-3-2076-7

Leopold Stocker Verlag

Graz – Stuttgart

www.stocker-verlag.com

Aus unserem Programm

ISBN 978-3-7020-1431-5

ISBN 978-3-7020-1285-4

ISBN 978-3-7020-1370-7

ISBN 978-3-7020-1301-1

Leopold Stocker Verlag

Graz – Stuttgart

www.stocker-verlag.com